Florian Müller

Einfluss des Arbeitsfluids auf den Wirkungsgrad von Rankine-Kreisprozessen zur Abwärmenutzung

GRIN Verlag

Bibliografische Information der Deutschen Nationalbibliothek:

Die Deutsche Bibliothek verzeichnet diese Publikation in der Deutschen National-
bibliografie; detaillierte bibliografische Daten sind im Internet über http://dnb.d-
nb.de/ abrufbar.

Impressum:

Copyright © 2009 GRIN Verlag GmbH
Druck und Bindung: Books on Demand GmbH, Norderstedt Germany
ISBN: 978-3-640-82636-0

Dieses Buch bei GRIN:

http://www.grin.com/de/e-book/166496/einfluss-des-arbeitsfluids-auf-den-wirkungs-
grad-von-rankine-kreisprozessen

Universität Duisburg-Essen

Campus Duisburg

Projektarbeit

am Institut für Verbrennung und Gasdynamik, Lehrstuhl für Thermodynamik

im SS 2009

Thema:

UNTERSUCHUNG DES EINFLUSSES DES ARBEITSFLUIDS AUF DEN WIRKUNGS-GRAD VON RANKINE-KREISPROZESSEN ZUR ABWÄRMENUTZUNG

von: Florian Müller

Abgabetag: 17.06.2009

INHALTSVERZEICHNIS

AUFGABENSTELLUNG

Bei der Abwärmenutzung können unterschiedliche Fluide in einem Rankine-Kreisprozess genutzt werden. Anhand von Modellrechnungen mit einigen Fluiden soll der Einfluss des Fluids selbst auf den Wirkungsgrad als Funktion des Druckes und der Maximaltemperatur identifiziert werden. Wenn möglich sollen abstrahierte Parameter zur Wahl geeigneter Fluide für ein vorgegebenes Abwärme-Problem identifiziert werden. Hierbei soll auch abgeschätzt werden, welche Wärmeübertragerflächen bei den unterschiedlichen Prozessen benötigt werden.

NOMENKLATUR

Abkürzungen

NIST	National Institute of Standards and Technology
ORC	Organic Rankine Cycle
PP	Pinch Point
REFPROP	Reference Fluid Thermodynamic and Transport Properties Database
VDI	Verein Deutscher Ingenieure

Formelzeichen

A	Wärmeübertragerfläche [m^2]
$\dot{E}_v$	Exergieverluststrom [kW]
$\dot{H}$	Enthalpiestrom [kW]
$\dot{H}_L$	Enthalpiestrom der Luft [kW]
$\dot{H}_{ORC}$	Enthalpiestrom des Arbeitsmediums im ORC-Prozess [kW]
P	Leistung [kW]
$\dot{Q}$	Wärmestrom [kW]
$\dot{S}$	Entropiestrom [kW/K]
$\dot{S}_L$	Entropiestrom der Luft [kW/K]
$\dot{S}_{ORC}$	Entropiestrom des Arbeitsmediums des ORC-Prozesses [kW/K]
T	Temperatur [K]
T_{KW}	Temperatur des Kühlwassers [K]
T_L	Temperatur der Luft [K]
T_{ORC}	Temperatur des Arbeitsmediums im ORC-Prozess [K]
c_P	Wärmekapazität [kJ/(kg K)]
$c_{P,L}$	Wärmekapazität der Luft im idealen Gaszustand [kJ/(kg K)]
h	spezifische Enthalpie [kJ/kg]

h_{KW}	spezifische Enthalpie des Kühlwassers [kJ/kg]
h_L	spezifische Enthalpie der Luft [kJ/kg]
h_{ORC}	spezifische Enthalpie des Arbeitsmediums im ORC-Prozess [kJ/kg]
η	Wirkungsgrad
η_{th}	thermischer Wirkungsgrad des ORC-Prozesses
η_P	Wirkungsgrad der Pumpe des ORC-Prozesses
$\eta_{P,KW}$	Wirkungsgrad der Pumpe des Kühlwassers
η_T	Wirkungsgrad der Turbine des ORC-Prozesses
k	spezifischer Wärmeübergangskoeffizient [W/(m^2 K)]
$\dot{m}$	Massenstrom [kg/s]
$\dot{m}_{KW}$	Massenstrom des Kühlwassers [kg/s]
$\dot{m}_L$	Massenstrom der Luft [kg/s]
$\dot{m}_{ORC}$	Massenstrom des Arbeitsmediums im ORC-Prozess [kg/s]
p	Druck [Pa]
p_{verd}	oberes Druckniveau des ORC-Prozesses im Verdampfer [Pa]
p_{kond}	unteres Druckniveau des ORC-Prozesses im Kondensator [Pa]
$p_{P,KW}$	Druckniveau der Pumpe des Kühlwassers [Pa]
s	spezifische Entropie [kJ/(kg K)]
s_L	spezifische Entropie der Luft [kJ/(kg K)]
s_{ORC}	spezifische Entropie des Arbeitsmediums des ORC-Prozesses[kJ/(kg K)]
ρ	Dichte [kg/m^3]
v	spezifisches Volumen [m^3/kg]
v_{KW}	spezifisches Volumen des Kühlwassers [m^3/kg]
w	spezifische Arbeit [kJ/kg]
x	Dampfanteil

Kurzfassung

Bei der Abwärmenutzung können unterschiedliche Fluide in einem (organischen) Rankine-Kreisprozess genutzt werden. Anhand von Modellrechnungen mit einigen Fluiden wird der Einfluss des Fluids selbst auf den Wirkungsgrad als Funktion des Druckes und der maximalen Prozesstemperatur identifiziert. Die energetische Güte und die Wirtschaftlichkeit des (organischen) Rankine-Kreisprozesses werden dabei maßgeblich durch die thermodynamischen Eigenschaften der gewählten Arbeitsmedien und die gegebenen Arbeitsbedingungen beeinflusst.

In der vorliegenden Aufgabenstellung steht ein Abgasstrom auf einem Temperaturniveau von 773,15 K zur Abwärmenutzung zur Verfügung. Für den (organischen) Rankine-Kreisprozess werden neben Wasser als klassischem Arbeits- und Vergleichsmedium für die organischen Fluide mit Heptan ein Kohlenwasserstoff aus der Stoffgruppe der Alkane sowie mit 1,1,1,3,3-Pentafluorpropan (R245fa) und Solkatherm ® SES 36 zwei gängige Kühlmittel ausgewählt.

Wie die Modellberechnungen zeigen werden, ist Wasser im Vergleich mit den drei gewählten, organischen Fluiden unter thermodynamischen Gesichtspunkten am besten als Arbeitsmedium für den vorliegenden Modellprozess geeignet. Lediglich Heptan kann ähnliche Ergebnisse hinsichtlich des thermischen Wirkungsgrades des Gesamtprozesses, der erzielbaren Nettoleistung oder des Exergieverlustes aufweisen. Im Rahmen einer wirtschaftlichen Analyse besitzt Wasser auch im Hinblick auf die erforderliche Wärmeübertragerfläche deutliche Vorteile. Des Weiteren werden für die besonders erfolgreichen Fälle weitere Ansatzmöglichkeiten wie beispielsweise der Einsatz eines internen Wärmeübertragers im Hinblick auf eine mögliche energetische und wirtschaftliche Verbesserung des (organischen) Kreisprozesses diskutiert.

Hinsichtlich einer energetischen Beurteilung des Rankine-Kreisprozesses wird das $T\text{-}H\text{-}$Diagramm als geeignete graphische Darstellungsform identifiziert. Die Lage der Enthalpieströme der beteiligten Medien zueinander ist dabei ein sichtbares Indiz für dessen energetische Güte.

Darüber hinaus werden auf Basis der Modellberechnungen verschiedene thermodynamische Parameter als hilfreiche Ansatzpunkte für die allgemeine Auswahl eines geeigneten Arbeitsmediums ermittelt. Es werden die Verdampfungsenthalpie und -entropie des Fluids im Kondensator, die Wärmekapazität des Mediums im flüssigen Zustand sowie die Lage des kritischen Punktes als solche vermutet.

1   Einleitung

Im Rahmen von industriellen Prozessen und weiteren Anwendungen wie Geothermie, konzentrierter Solarthermie oder dezentralen Kraftwerksprozessen entstehen in vielen Bereichen erhebliche Mengen an Abwärme im Temperaturbereich von ca. 373,15-773,15 K, die sich aufgrund ihres niedrigen Temperaturniveaus mit konventionellen Techniken oder aus wirtschaftlichen Gründen nicht nutzen lassen [1]. Vor dem Hintergrund der aktuellen Diskussion um die wachsende Klimaproblematik sowie der Tatsache, dass fossile Brennstoffe wie Erdöl, Erdgas oder Kohle als Hauptenergiequellen auf absehbare Zeit nicht mehr zur Verfügung stehen werden, befassen sich Wissenschaft und Praxis zunehmend mit der Suche nach einer möglichst umweltfreundlichen und effizienten Rückgewinnung dieser so genannten Niedertemperatur-Wärme [2].

Insbesondere bei industriellen Prozessen ist die Abwärmenutzung aufgrund von meist höheren Temperaturen und Durchsätzen von bedeutsamem Interesse. So kann die Abwärme bei ausreichender Wärmeleistung als alternative Energiequelle zur Stromerzeugung genutzt werden. Neben der teilweisen Gewinnung dieser bisher ungenutzten Energie sind etwa die Einsparung an fossilen Brennstoffen, die damit verbundene Vermeidung des Ausstoßes von CO_2 oder die Vergütung von eingespeistem Strom nach dem Kraft-Wärme-Kopplungsgesetz als weitere mögliche Vorteile der industriellen Abwärmenutzung zu nennen [3, 4].

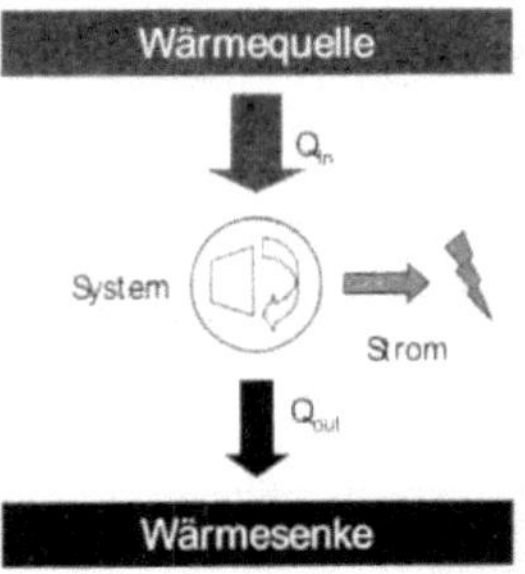

Abb. 1: Nutzung von Niedertemperatur-Wärme zur Produktion von Strom

Die Stromerzeugung aus Abwärme gelingt mit Hilfe dieser Technologien, deren allgemeines Funktionsprinzip in Abbildung 1 dargestellt ist [1]: Das System zur Verstromung der Wärme befindet sich zwischen einer Wärmequelle und einer Wärmesenke. Von der Wärmequelle wird ein bestimmter Wärmestrom Q_{in} auf ein System übertragen und dort über die Erzeugung von mechanischer Arbeit in einer Turbine mit Hilfe eines Generators teilweise in elektrischen Strom umgewandelt. Der Anteil des Wärmestroms Q_{out}, der in einem realen thermodynamischen System aufgrund von Irreversibilitäten nicht umgewandelt werden kann, fließt einer Wärmesenke, beispielsweise der Umgebung, zu [1, 5]. Der so genannte Organic Rankine Cycle (ORC) stellt eine mögliche Variante dar, mit dem die Verstromung von Niedertemperatur-Abwärme durchgeführt werden kann [6]. Als Arbeitsmedien sind dabei verschiedene (organische) Fluide denkbar. Die wissenschaftliche Leistung dieser Arbeit besteht darin, anhand von Modellrechnungen zu einem vorgegebenen (organischen) Rankine-Kreisprozess den Einfluss des Fluids selbst auf den Wirkungsgrad als Funktion des Druckes und der Maximaltemperatur zu untersuchen. In diesem Zusammenhang werden vor dem Hintergrund wirtschaftlicher Aspekte die jeweils benötigten Wärmeübertrager-Flächen abgeschätzt. Darüber hinaus werden Ansatzpunkte für allgemeingültige, abstrahierte Parameter zur Wahl geeigneter Fluide hinsichtlich eines vorgegebenen Abwärme-Problems identifiziert.

Ausgehend von einer theoretischen Darstellung der wesentlichen Merkmale des Organic Rankine Cycle und einem kurzen Überblick zu den bisherigen wissenschaftlichen Untersuchungen im zweiten Kapitel wird im dritten Abschnitt das zu untersuchende Modell zum (organischen) Rankine-Kreisprozess vorgestellt. Die benötigten thermodynamischen Berechnungsgleichungen, die gewählten Arbeitsmedien sowie die grundlegenden Modellannahmen werden in diesem Zusammenhang näher erläutert. Das vierte Kapitel stellt die Ergebnisse der Modellrechnungen übersichtlich dar und unterzieht diese einer kritischen Diskussion. Die Arbeit endet mit einer Schlussbetrachtung im fünften Kapitel.

2   Der Organic Rankine Cycle (ORC)

Das zweite Kapitel führt im ersten Abschnitt in die Theorie des Organic Rankine Cycle (ORC) ein und gibt anschließend im Abschnitt 2.2 einen kurzen Überblick über die bisherigen wissenschaftlichen Untersuchungen zu diesem Thema.

2.1   Theorie des Organic Rankine Cycle

Den Ausgangspunkt der theoretischen Überlegungen zum Organic Rankine Cycle stellt das klassische, wasserbetriebene Dampfturbinen-Kraftwerk dar. Der Organic Rankine Cycle ist ein Klein-Kraftwerk, das auf einem geschlossenen Kreisprozess basiert und hinsichtlich des Aufbaus sowie des Funktionsprinzips diesem sehr ähnlich ist [7]. Wie im einfachen Clausius-Rankine-Kreisprozess, der als Modellprozess die wesentlichen Vorgänge im Dampfkraftwerk beschreibt [8], durchläuft das Arbeitsmedium des einfachen ORC-Prozesses vier Arbeitsstufen:

(1) Druckerhöhung durch eine Pumpe auf den benötigten Prozessdruck und Zufuhr des Arbeitsmediums zum Verdampfer

(2) Erwärmung des Arbeitsmediums auf Siedetemperatur, vollständige Verdampfung und gegebenenfalls Überhitzung im Verdampfer

(3) Entspannung des Arbeitsmediums in einer Turbine unter gleichzeitiger Freisetzung von mechanischer Arbeit

(4) Abkühlung und Verflüssigung des Arbeitsmediums im Kondensator

Anschließend beginnt der Prozess erneut [7, 9]. Die Abbildung 2 zeigt das entsprechende Schaltbild eines einfachen ORC-Prozesses [10]:

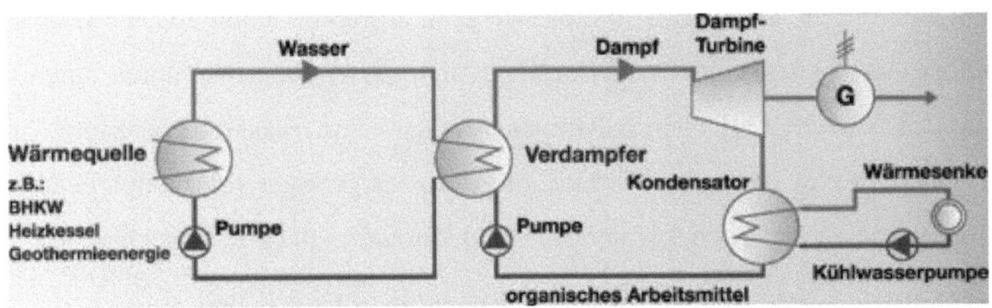

Abb. 2: Schaltbild eines einfachen Organic Rankine Cycle

Der Organic Rankine Cycle arbeitet im Gegensatz zum klassischen Clausius Rankine-Kreisprozess anstelle von Wasser und seinem Dampf mit organischen Arbeitsmedien, die sich durch eine deutlich geringere Verdampfungstemperatur auszeichnen. Aufgrund dieses niedrigeren Temperaturniveaus und moderaten Drücken bis ca. 20 bar wird im Rahmen dieses Prozesses die Nutzung von Niedertemperatur-Wärmequellen ermöglicht [7, 11].

Der Auswahl des Arbeitsfluids kommt dabei unter Berücksichtigung des Temperaturniveaus der vorhandenen Abwärmequelle im Hinblick auf die thermodynamische Eignung für den jeweils konkret betrachteten ORC-Prozess sowie der Umweltverträglichkeit eine wichtige Bedeutung zu [9, 12]. Grundsätzlichen lassen sich in Abhängigkeit vom Verlauf ihrer jeweiligen Sattdampfkurve im T-s-Diagramm drei Kategorien von potentiellen Arbeitsmedien unterscheiden [9, 13]:

- „Nasse" Arbeitsmedien mit einem negativen Verlauf der Sattdampfkurve, beispielsweise Wasser oder Ammoniak

- „Trockene" Arbeitsmedien mit einem positiven Verlauf der Sattdampfkurve, beispielsweise R113

- „Isentrope" Arbeitsmedien mit einem nahezu vertikalen Verlauf der Sattdampfkurve, beispielsweise R11

Die meisten organischen Fluide weisen einen trockenen oder isentropen Charakter auf und sind im Rahmen der Niedertemperatur-Abwärmenutzung in der Regel besser geeignet, da sie nur auf ein vergleichsweise niedriges Temperaturniveau überhitzt werden müssen. So kann aufgrund ihres retrograden Charakters bereits bei geringeren Turbineneintrittstemperaturen eine Tröpfchenbildung während der Entspannung in der Turbine und in der Folge eine Turbinenerosion vermieden werden [1, 9, 11, 13]. Es gilt als erwiesen, dass organische Fluide bei einem Temperaturniveau der Wärmequelle von unter 643,15 K als Arbeitsmedien in einem (organischen) Rankine-Kreisprozess die bessere Wahl darstellen [9]. Im Einzelfall ist bei einer zur Verfügung stehenden Wärmequelle unter Berücksichtigung ihres Temperaturniveaus zu überprüfen, ob ein bestimmtes organisches Arbeitsmedium tatsächlich besser als Wasser geeignet ist [14].

Der Organic Rankine Cycle besitzt darüber hinaus einige weitere Vorteile. Neben einer hohen Zuverlässigkeit durch den Einsatz von überwiegend erprobten Komponenten (Pumpe, Verdampfer, Turbine und Kondensator) [1, 11] zeichnet sich dieser außerdem durch einen im Vergleich zum Dampf-Kraftwerk einfacheren Aufbau aus, da keine Wasseraufbereitung notwendig ist. Darüber hinaus ist eine einstufige Turbine aufgrund des geringeren Enthalpiegefälles der organischen Arbeitsmedien zwischen Turbinenein- und -austritt in der Regel ausreichend [1, 13].

2.2   Überblick zu den bisherigen wissenschaftlichen Untersuchungen

In der Literatur findet sich eine Vielzahl an wissenschaftlichen Studien, Aufsätzen und Untersuchungen zum Organic Rankine Cycle, die sich insbesondere mit der Nutzung von Niedertemperatur-Wärme auseinandersetzen. Die Literatur berücksichtigt in diesen dabei eine erhebliche Anzahl an organischen Arbeitsmedien. DRESCHER (2008) und DAI et al. (2008) geben in ihren Veröffentlichungen hierzu jeweils einen Überblick [6, 12].[a] So vergleichen beispielsweise HUNG et al. (1997) die Wirkungsgrade eines ORC-Prozesses für die Arbeitsmedien Benzol, Ammoniak, R11, R12, R134a und R113. Ihr Ergebnis zeigt, dass für einen ORC-Prozess zwischen zwei isobaren Kurven der Wirkungsgrad für „nasse" Fluide mit zunehmender Turbineneintrittstemperatur steigt, während er für „isentrope" Fluide nahezu konstant bleibt und für „trockene" Fluide sogar abnimmt [13]. Die Arbeit von YAMAMOTO et al. (2001) erläutert auf Basis einer numerischen Simulation, dass der Wirkungsgrad eines Organic Rankine Cycle mit dem Arbeitsmedium R123 für Abwärmequellen bis 473,15 K deutlich höher im Vergleich zu Wasser liegt [3]. HUNG (2001) stellt die bessere Eignung der Kältemittel R113 und R123 als Arbeitsmedien für einen Organic Rankine Cycle im Rahmen der Niedertemperatur-Abwärmenutzung im Vergleich zu Benzol oder Toluol heraus [5]. LIU et al. (2004) berechnen für zehn reine Fluide unter Berücksichtigung des Einflusses der Abwärmequelle jeweils ihre thermischen Wirkungsgrade in einem ORC-Prozess [15]. SALEH et al. (2005) analysieren auf Basis der Fundamentalzustandsgleichung BACKONE 31 reine Fluide aus den Stoffgruppen der Alkane und Ether hinsichtlich ihrer thermodynamischen Eignung für einen ORC-Prozess [14]. GU et al. (2007) untersuchen einen ORC-Prozess unter anderem mit den Arbeitsmedien Wasser, R142b, R123, R245fa. Mit zunehmender Überhitzung steigt für das Arbeitsmedium Wasser der Wirkungsgrad des Organic Rankine Cycle, während er für organische Arbeitsmedien abnimmt [9].

---

[a] Die im Folgenden genannten wissenschaftlichen Publikationen stellen lediglich eine Auswahl dar und haben keinen Anspruch auf Vollständigkeit.

3 Beschreibung der modelltheoretischen Untersuchung

Dieses Kapitel dient der Darstellung der modelltheoretischen Untersuchung, die im Rahmen dieser Arbeit zum (organischen) Rankine-Kreisprozess durchgeführt wird. Ausgehend von einer kurzen Modellbeschreibung werden im Abschnitt 3.1 die benötigten thermodynamischen Berechnungsgleichungen aufgezeigt und hinsichtlich ihrer Nomenklatur an das Modell angepasst. Das Kapitel 3.2 gibt anschließend einen kurzen Überblick über die Wahl der Arbeitsmedien, ehe im Abschnitt 3.3 auf die vorgegebenen Rahmenbedingungen des Modells eingegangen wird.

3.1 Das Modell und dessen thermodynamische Analyse

Im Rahmen eines industriellen Prozesses steht ein Abgasstrom zur Verfügung, dessen Wärme auf das Arbeitsfluid eines (organischen) Rankine-Kreisprozesses übertragen werden soll (vgl. das qualitative Flussdiagramm des Modells in Abbildung 3 [in Anlehnung an 3] sowie das zugehörige, qualitative T-s-Diagramm in Abbildung 4).

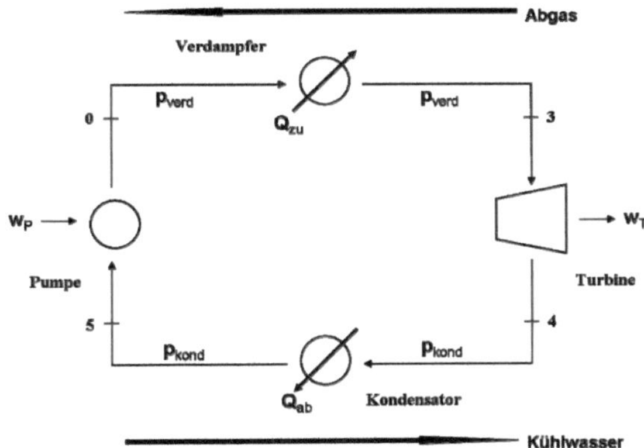

Abb. 3: Qualitatives Flussdiagramm des Modellprozesses

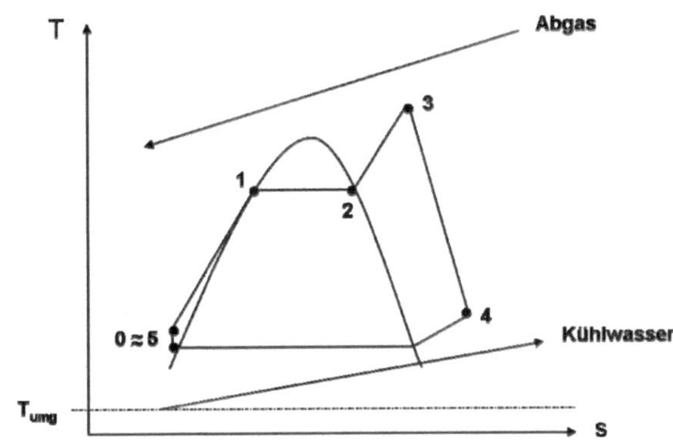

Abb. 4: Qualitatives T-s-Diagramm des Modellprozesses

Angepasst an die gewählte Nomenklatur hinsichtlich der Bezeichnungen der Zustände werden im Rahmen der Modellrechnungen folgende thermodynamische Gleichungen benötigt [8]:[b]

- *5 → 0: Phase der Druckerhöhung*

Das Arbeitsmedium, das als siedende Flüssigkeit (x=0) den Kondensator beim unteren Druckniveau des Kreisprozesses p = p_{kond} verlässt (Zustand 5), wird durch eine Pumpe auf das obere Druckniveau p = p_{verd} gebracht (Zustand 0). Die spezifische Arbeit der Pumpe wird dabei nach der folgenden Gleichung berechnet:

$$w_{50} = \frac{p_{verd} - p_{kond}}{\eta_P * \rho} \tag{1}$$

wobei ρ die Dichte des Arbeitsmediums im Zustand 5 der reinen siedenden Flüssigkeit und η_P den isentropen Wirkungsgrad der Pumpe bezeichnet. Dessen spezifische Enthalpie im Zustand 0 ergibt sich entsprechend zu

$$h_{ORC,0} = h_{ORC,5} + w_{50} \tag{2}$$

wobei $h_{ORC,5}$ die spezifische Enthalpie des Arbeitsmediums im Zustand 5 ist.[c]

- *0 → 3: Phase der Verdampfung*

Das Arbeitsmedium wird durch Übertragung des Wärmestroms $\dot{Q}_{zu}$ in einem einfachen, adiabaten Doppelrohr-Wärmeübertrager in drei Stufen im Gegenstrom mit dem Abgas verdampft [16]:[d]

- Erwärmung des Arbeitsmediums bis zur siedenden Flüssigkeit (Zustand 0 → Zustand 1)

- Vollständige Verdampfung des Arbeitsmediums (Zustand 1 → Zustand 2)

- Überhitzung des Arbeitsmediums (Zustand 2 → Zustand 3)

Die Gesamtenergiebilanz um den Wärmeübertrager lautet:

$$\dot{m}_{ORC} * (h_{ORC,3} - h_{ORC,0}) + \dot{m}_L * (h_{L,0} - h_{L,3}) = 0 \tag{3}$$

wobei $\dot{m}_{ORC}$ der Massenstrom des Arbeitsmediums ist, $h_{ORC,3}$ und $h_{ORC,0}$ die spezifischen Enthalpien des Arbeitsmediums im Zustand 3 bzw. 0 sind, $\dot{m}_L$ der Massenstrom der Luft ist sowie $h_{L,3}$ und $h_{L,0}$ die spezifischen Enthalpien der Luft im Zustand 3 bzw. 0 sind.

---

[b] Die thermodynamischen Berechnungsgleichungen für einfache Kreisprozesse sind in der Standardliteratur zur Thermodynamik detailliert beschrieben.
[c] Die Abkürzung „ORC" repräsentiert im Folgenden das jeweilige Arbeitsmedium des ORC-Prozesses.
[d] Zur Theorie eines Gegenstrom-Wärmeübertragers vgl. die Standardliteratur zur Wärmeübertragung.

Bei einer gedanklichen Zerlegung des Wärmeübertragers in drei einzelne Teilapparaturen (Teilapparatur für die Erwärmung, für die Verdampfung und für die Überhitzung des Arbeitsmediums) können die fehlenden Ein- und Austrittstemperaturen des Arbeitsmediums und der Luft in den Zuständen 0 bis 3 und die übertragenen Teil-Wärmeströme berechnet werden [16].[e] So gilt für die Übertragung des Teil-Wärmestroms $\dot{Q}_{zu,01}$, durch den das Arbeitsmedium bis zum Zustand 1 der siedenden Flüssigkeit (x=0) erwärmt wird:

$$\dot{Q}_{zu,01} = k_{01} * A_{01} * \Delta T_{LMTD,01} = \dot{m}_{ORC} * (h_{ORC,1} - h_{ORC,0}) \tag{4}$$

wobei k_{01} den spezifischen Wärmeübergangskoeffizienten, A_{01} die benötigte Wärmeübertragungsfläche und $\Delta T_{LMTD,01}$ die so genannte logarithmische mittlere Temperaturdifferenz der ersten Teilapparatur des Wärmeübertragers bezeichnet [17]. Diese ist definiert als

$$\Delta T_{LMTD,01} = \frac{\Delta T_0 - \Delta T_1}{\ln(\frac{\Delta T_0}{\Delta T_1})} \tag{5}$$

wobei ΔT_0 und ΔT_1 die Temperaturdifferenzen zwischen Luft und Arbeitsmedium im Zustand 0 bzw. 1 sind. Die Temperatur der Luft im Zustand 1 ergibt sich durch die Energiebilanz um die erste Teilapparatur des Wärmeübertragers:

$$T_{L,1} = T_{L,0} + \frac{\dot{m}_{ORC} * (h_{ORC,1} - h_{ORC,0})}{\dot{m}_L * c_{p,L}} \tag{6}$$

Für die zweite und die dritte Teilapparatur gelten analoge Überlegungen und Berechnungsgleichungen. Bei einem (organischen) Rankine-Kreisprozess ohne Überhitzung des Arbeitsmediums entfällt der Zustand 3. Das Arbeitsmedium tritt dann im Zustand 2 in die Turbine ein.

- *3 → 4: Phase der Entspannung*

Der überhitzte Dampf des Arbeitsmediums wird in einer einstufigen Turbine unter gleichzeitiger Freisetzung von mechanischer Arbeit auf den Kondensatorgegendruck p = p_{kond} (Zustand 3 → Zustand 4) entspannt. Die spezifische Arbeit der Turbine ergibt sich zu

$$w_{34} = \eta_T * (h_{ORC,4} - h_{ORC,3}) \tag{7}$$

---

[e] Das betrachtete System ist als eine Hintereinanderschaltung von drei Wärmeübertragern aufzufassen, die über die Ein- und Austrittsbedingungen für die Temperaturen und Massenströme miteinander gekoppelt sind.

wobei $h_{ORC,4}$ und $h_{ORC,3}$ die spezifischen Enthalpien des Arbeitsmediums im Zustand 4 bzw. 3 sind und η_T den isentropen Wirkungsgrad der Turbine bezeichnet.

- *4 → 5: Phase der Kondensation*

Der Dampf des Arbeitsmediums wird isobar auf dem unteren Druckniveau $p = p_{kond}$ vom Austritt der Turbine (Zustand 4) in den Zustand der siedenden Flüssigkeit (x=0) kondensiert (Zustand 5).

Der Wärmestrom $\dot{Q}_{ab}$ wird dabei an das Kühlwasser, das den Kondensator im Gegenstrom durchläuft, abgegeben. Dieser ergibt sich aus der Gesamtenergiebilanz um den Kondensator:

$$\dot{Q}_{ab} = \dot{m}_{ORC} * (h_{ORC,5} - h_{ORC,4}) = \dot{m}_{KW} * (h_{KW,4} - h_{KW,5}) \tag{8}$$

wobei $\dot{m}_{KW}$ den Massenstrom des Kühlwassers und $h_{KW,4}$ bzw. $h_{KW,5}$ die Enthalpie des Kühlwassers im Zustand 4 bzw. 5 sind.

- *Beurteilung der Güte des (organischen) Rankine-Kreisprozesses*

Im Hinblick auf eine Beurteilung der energetischen Güte des Modellprozesses sind insbesondere der thermische Wirkungsgrad sowie die erzielbare Nettoleistung wichtige Bewertungsmaßstäbe [1, 7]. Dabei sind der thermische Wirkungsgrad des (organischen) Rankine-Kreisprozesses $\eta_{th,ORC}$ und der thermische Wirkungsgrad des Gesamtprozesses $\eta_{th,ges}$ zu unterscheiden. Letzterer berücksichtigt die Tatsache, dass der Abgasstrom am Austritt des Wärmeübertragers nicht vollständig auf Umgebungstemperatur abgekühlt werden kann und dessen Restwärme somit verloren geht [16].[f] Es ergeben sich:

$$\eta_{th,ORC} = \frac{\left| w_{50} + w_{34} \right|}{q_{03}} = \frac{\left| w_{50} + w_{34} \right|}{(h_{ORC,3} - h_{ORC,0})} \tag{9}$$

$$\eta_{th,ges} = \frac{\left| \dot{m}_{ORC} * (w_{50} + w_{34}) + \dot{m}_{KW} * w_{P,KW} \right|}{\dot{m}_L * c_{P,L} * (T_{L,3} - T_{L,0})} \tag{10}$$

Die erzielbare Nettoleistung des Gesamtprozesses entspricht dem Zähler der Gleichung (10):

$$P_{netto} = \left| \dot{m}_{ORC} * (w_{50} + w_{34}) + \dot{m}_{KW} * w_{P,KW} \right| \tag{11}$$

---

[f] Die Temperatur des heißen, Wärmeabgebenden Luftstromes kann nicht unter die Temperatur des kalten, Wärmeaufnehmenden Fluids fallen.

wobei $w_{P,KW}$ die spezifische Arbeit der Pumpe, die das Kühlwasser dem Kondensator zuführt, ist. Sie berechnet sich zu:

$$w_{P,KW} = \frac{1}{\rho_{KW,5}} * \Delta p_{P,KW} \qquad (12)$$

wobei $\rho_{KW,5}$ die Dichte des Kühlwassers am Eintritt des Kondensators und $\Delta p_{P,KW}$ die Druckdifferenz der Pumpe sind.

Ein bedeutsames Maß für die Energieentwertung des Abgasstromes ist der Exergieverlust [8].[g] Für den vorliegenden Modellprozess erscheint analog zur Betrachtung des thermischen Wirkungsgrads sowohl eine Analyse des Exergieverlustes ohne die Berücksichtigung der Restwärme des Abgasstromes als auch mit dieser ($\dot{E}_{v,ohne}$ bzw. $\dot{E}_{v,mit}$) sinnvoll. Es ergeben sich:

$$\dot{E}_{v,ohne} = \dot{m}_L * ((h_{L,3} - h_{L,0}) - T_{umg} * (s_{L,3} - s_{L,0})) + P_{el} \qquad (13)$$

$$\dot{E}_{v,mit} = \dot{m}_L * ((h_{L,3} - h_{L,umg}) - T_{umg} * (s_{L,3} - s_{L,umg})) + P_{el} \qquad (14)$$

Für eine wirtschaftliche Beurteilung des (organischen) Rankine-Kreisprozesses sind vor allem die benötigten Wärmeübertragerflächen ein ausschlaggebendes Element [1, 7].[h] Diese lassen sich nach Gleichung (4) für die gedanklich getrennten drei Teilapparaturen bestimmen. Die insgesamt erforderliche Fläche des Wärmeübertragers ergibt sich schließlich durch Addition der drei Teilflächen.

3.2 Auswahl der Arbeitsmedien

Die Auswahl von organischen Arbeitsmedien für die Niedertemperatur-Abwärmenutzung wird im Wesentlichen durch zwei Tatsachen maßgeblich beeinflusst: Zum einen weisen viele organische Fluide bereits auf dem Temperaturniveau des Kondensators einen relativ hohen Dampfdruck auf und sind daher von vornherein für diese un- oder sehr schlecht geeignet. Zum anderen ist hinsichtlich des erzielbaren thermischen Wirkungsgrads und der Nettoleistung zu berücksichtigen, dass die maximale Prozesstemperatur aufgrund der Sicherstellung der thermischen und chemischen Stabilität der organischen Fluide auf etwa 600 K beschränkt ist [18].

Im Rahmen dieser Arbeit werden vier Fluide hinsichtlich ihrer thermodynamischen Eignung für den gegebenen (organischen) Rankine-Kreisprozess untersucht: Neben Wasser als klassischem

---

[g] Die Exergie ist der eigentliche Wert einer gegebenen Energie. Sie beschreibt deren Qualität in Form ihrer maximalen Arbeitsfähigkeit unter Berücksichtigung der Umgebung.
[h] Die Größe der Wärmeübetragerflächen hat einen erheblichen Einfluss auf die Investitionskosten einer Anlage. Diese zählen zu den wesentlichen Faktoren, die über die Wirtschaftlichkeit einer Anlage und in der Folge über die Entscheidung für oder gegen dessen Inbetriebnahme bestimmen.

Arbeits- und Vergleichsmedium für die organischen Fluide werden von diesen mit Heptan ein Kohlenwasserstoff aus der Stoffgruppe der Alkane sowie mit 1,1,1,3,3-Pentafluorpropan (R245fa) und Solkatherm ® SES 36 zwei gängige Kühlmittel ausgewählt. Die Tabelle 1 gibt einen Überblick über die wesentlichen thermodynamischen Eigenschaften dieser Stoffe [19-21]:[i]

Parameter	Wasser	Heptan	R245fa	SES36
Chemische Formel	H_2O	C_7H_{16}	$CF_3\text{-}CH_2\text{-}CHF_2$	$CF_3\text{-}CH_2\text{-}CF_2\text{-}CH_3$
Molmasse (g/mol)	18,00	100,20	134,00	184,53
Siedepunkt (K)	373,15	371,15	288,25	308,79
Dichte (kg/m³)	997,00	680,00	1320,00	1365,35
Verdampfungsenthalpie (kJ/kg)	2256,60	365,12	196,70	129,25
Zersetzungstemperatur (K)	-	>493,15	>523,15	>493,15
krit. Temperatur (K)	647,00	540,30	427,25	450,70
krit. Druck (bar)	220,60	27,40	36,40	28,49

Tabelle 1: Thermodynamische Eigenschaften des jeweiligen Arbeitsmediums bei T=298,15 K und p=1,013 bar

3.3 Überblick zu den Modellannahmen und den vorgegebenen Rahmenbedingungen

Hinsichtlich der Analyse des betrachteten Modellprozesses sind folgende Rahmenbedingungen vorgegeben bzw. werden weitere folgende, vereinfachende Annahmen getroffen:

(1) Der Abgasstrom sei Luft im idealen Gaszustand ($c_{P,L} = 1{,}004$ kJ/(kg K)) und tritt im Zustand 3 mit einer Temperatur $T_{L,3} = 773{,}15$ K in den Wärmeübertrager ein.

(2) Die Umgebungstemperatur betrage T_{umg} = 298,15 K und der Umgebungsdruck p_{umg} = 1,013 bar.

(3) Der Wärmeübertrager sei bezüglich der Umgebung adiabat [16] und übertrage isobar einen Wärmestrom $\dot{Q}_{zu}$ = 1000 kW auf das Arbeitsmedium des (organischen) Rankine-Kreisprozesses.

(4) Die mittleren, spezifischen Wärmeübergangskoeffizienten werden konstant zu

---

[i] Für die verwendeten thermodynamischen Daten vgl. hier und im Folgenden der Arbeit die in dieser Tabelle angegebenen Quellen für Wasser [19], Heptan und R245fa [20] sowie SES36 [21].

$k_{01} = 40$ W/(m^2 K) (Zustand 0 $\rightarrow$ Zustand 1, Wärmeübertragung zwischen einer Flüssigkeit und einem Gas),

$k_{12} = 40$ W/(m^2 K) (Zustand 1 $\rightarrow$ Zustand 2, Wärmeübertragung zwischen einer verdampfenden Flüssigkeit und einem Gas), sowie

$k_{23} = 20$ W/(m^2 K) (Zustand 2$\rightarrow$ Zustand 3), Wärmeübertragung zwischen zwei Gasen) angenommen [17].

(5) Die isentrope Wirkungsgrade der Turbine η_T und der Pumpe η_P betragen jeweils 0,85 [8].[j]

(6) Der Dampfgehalt in der Turbine betrage mindestens 0,85 [1].[k]

(7) Die Temperaturdifferenz zwischen Abgasstrom und Arbeitsmedium betrage am Pinch-Point mindestens 10 K [12].[l]

(8) Druck- und Temperaturverluste[m] werden im ganzen System vernachlässigt [3].

(9) Das Kühlwasser tritt mit der Temperatur $T_{KW,5} = 298{,}15K$ in den Kondensator ein und verlässt diesen mit der Temperatur $T_{KW,4} = 358{,}15K$.[n] Der isentrope Wirkungsgrad der Kühlwasserpumpe $\eta_{P,KW}$ betrage 0,7, deren Druckdifferenz $\Delta p_{P,KW}$ realistische 6 bar.

4   Ergebnisse und Diskussion

Das vierte Kapitel erläutert insbesondere in tabellarischer und graphischer Form die wesentlichen Ergebnisse der durchgeführten Modellrechnungen und unterzieht diese anschließend einer kritischen Analyse. Ausgehend von einer Berechnung der erforderlichen Massenströme für das jeweilige Arbeitsmedium in Kapitel 4.1 werden im Abschnitt 4.2 in Abhängigkeit vom oberen Druckniveau $p = p_{verd}$ und der maximalen Prozesstemperatur $T_{ORC,3}$ der Einfluss des Arbeitsmediums selbst auf den thermischen Wirkungsgrades des (organischen) Rankine-Kreisprozesses sowie auf diesen des Gesamtprozesses und auf die insgesamt erzielbare Nettoleistung dargestellt. Das Kapitel 4.3 geht anschließend näher auf die jeweils erforderlichen Wärmeübertragerflächen

---

[j] Der isentrope Wirkungsgrad ist ein Maß für die thermodynamische Vollkommenheit der Strömungsmaschine. Typische Werte für moderne, große Maschinen liegen bei 0,8 bis 0,9.

[k] Durch eine zu hohe Tröpfchenbildung während der Entspannung des Arbeitsmediums in der Turbine wird eine Turbinenerosion begünstigt.

[l] Der Pinch Point ist der Punkt, an dem die Temperaturdifferenz zwischen dem Wärmeaufnehmenden und dem Wärmeabgebenden Massenstrom minimal ist.

[m] Es wird angenommen, dass die Temperatur des Arbeitsmediums am Austritt des Wärmeübertragers mit dieser am Eintritt in die Turbine übereinstimmt.

[n] Die Annahme einer Temperaturdifferenz von 60 K ist erforderlich, da das erwärmte Kühlwasser anschließend zur Beheizung von Räumen genutzt wird.

und damit die Wirtschaftlichkeit des Modellprozesses ein. Im Abschnitt 4.4 werden weitere Ansätze für eine Verbesserung der energetischen und wirtschaftlichen Güte des betrachteten Modells diskutiert, ehe in Kapitel 4.5 mögliche Ansatzpunkte für allgemeingültige, abstrahierte Parameter im Hinblick auf die Wahl des Arbeitsmediums abgeleitet werden.

4.1 Bestimmung des erforderlichen Massenstroms des jeweiligen Arbeitsmediums

Um eine Vergleichbarkeit der Ergebnisse zu gewährleisten, werden ähnliche Eintrittstemperaturen der einzelnen Arbeitsmedien in den (organischen) Rankine-Kreisprozess (Zustand 5) gewählt.° Somit ist auch das jeweilige untere Druckniveau p = p_{kond} festgelegt (vgl. Tabelle 2).

Parameter	Wasser	Heptan	R245fa	SES36
$T_{ORC,5}$ (in K)	363,15	360,00	360,00	363,15
p_{kond} (in bar)	0,7014	0,71275	9,3353	4,96

Tabelle 2: Eintrittstemperatur und Kondensatorgegendruck des jeweiligen Arbeitsmediums

Weiterhin ist zunächst der aus der Abwärmequelle konstant zur Verfügung stehende Massenstrom der Luft zu ermitteln. Unter Berücksichtigung der ersten drei Rahmenbedingungen (vgl. Kapitel 3.3) ergibt sich für diesen nach dem 1. Hauptsatz der Thermodynamik:

$$\dot{m}_L = \frac{\dot{Q}_{zu}}{c_{p,L} * (T_{L,3} - T_{umg})} = \frac{1000 kW}{1,004 \frac{kJ}{kgK} * (773,15 K - 298,15 K)} = 2,0969 \frac{kg}{s} \tag{15}$$

Aus der Gesamtenergiebilanz nach Gleichung (3) lässt sich mit Hilfe der als konstant angenommenen Wärmekapazität der Luft (vgl. Kapitel 3.3) nun der erforderliche Massenstrom des jeweiligen Arbeitsmediums in Abhängigkeit vom oberen Druckniveau p = p_{verd} und der maximalen Prozesstemperatur $T_{ORC,3}$ bestimmen. Wie die Tabelle 3 zeigt, ist dieser für das Arbeitsmedium Wasser am geringsten. Er nimmt dabei mit steigendem, oberem Druckniveau sowie mit zunehmender Überhitzung weiter ab.

Für die organischen Arbeitsmedien ist der benötigte Massenstrom bei Heptan am geringsten und bei SES36 am größten. Die Ursache hierfür ist die jeweilige Enthalpiedifferenz des Fluids zwischen Ein- und Austritt in den Wärmeübertrager, die für Heptan am größten und für SES36 am kleinsten ist. Ohne Überhitzung des organischen Fluids im Wärmeübertrager ist dessen benötigter Massenstrom am größten und nimmt mit zunehmender Überhitzung stetig ab. Im Gegensatz zum Arbeitsmedium Wasser wird der Massenstrom für den Fall einer zunehmenden Überhitzung

---

° Im Rahmen des vorgegebenen Modells ist eine Eintrittstemperatur des jeweiligen Arbeitsmediums in den ORC-Prozess von 363,15 K festgelegt. Die Eintrittstemperaturen von Heptan und R245fa weichen vor dem Hintergrund der Verfügbarkeit ihrer thermodynamischen Daten leicht von dieser Vorgabe ab.

mit steigendem, oberem Druckniveau bei vergleichbarer maximaler Prozesstemperatur jedoch stetig größer.

	Massenstrom des Arbeitsmediums $\dot{m}_{ORC}$ (in kg/s)			
$T_{ORC,3}$ (in K)	Wasser	Heptan	R245fa	SES36
p = 6 bar				
	(T_{sat} = 432,00 K)	(T_{sat} = 446,10 K)	(T_{sat} = 342,56 K)	(T_{sat} = 370,97 K)
T_{sat}	0,3230	1,7327		7,1415
423,15				4,7230
473,15	0,3108	1,5200		3,5266
523,15	0,2979	1,2296		3,1922*
573,15	0,2863			
673,15	0,2656			
763,15	0,2492			
p = 10 bar				
	(T_{sat} = 453,06 K)	(T_{sat} = 474,25 K)	(T_{sat} = 362,89 K)	(T_{sat} = 393,96 K)
T_{sat}	0,3070	1,5657	5,6718	6,2102
423,15			3,8367	4,8877
473,15	0,3008		3,0265	3,5840
523,15	0,2873	1,2524	2,4811	3,2328*
573,15	0,2756			
673,15	0,2553			
763,15	0,2393			
p = 14 bar				
	(T_{sat} = 468,22 K)	(T_{sat} = 494,75 K)	(T_{sat} = 377,79 K)	(T_{sat} = 410,82 K)
T_{sat}	0,3012	1,4519	5,3668	5,7067
423,15			3,9316	5,1079
473,15	0,2995		3,0663	3,6486
523,15	0,2850	1,2810	2,5014	3,2769*
573,15	0,2729			
673,15	0,2523			
763,15	0,2363			
p = 16 bar				
	(T_{sat} = 474,45 K)	(T_{sat} = 503,34 K)	(T_{sat} = 384,06 K)	(T_{sat} = 417,90 K)
T_{sat}	0,2964	1,4368	5,2627	5,5359
423,15			3,9850	5,2593
473,15			3,0872	3,6841
523,15	0,2818	1,2988	2,5120	3,3005*
573,15	0,2695			
673,15	0,2489			
763,15	0,2330			

* Diese Daten basieren auf einer maximalen Prozesstemperatur von $T_{ORC,3}$ = 493,15 K.

Tabelle 3: Erforderliche Massenströme des jeweiligen Arbeitsmediums

4.2 Einfluss der Wahl des Arbeitsfluids auf die energetische Güte des Modellprozesses

Im Rahmen dieses Kapitels werden im ersten Abschnitt zunächst die wesentlichen Ergebnisse der Modellberechnungen hinsichtlich des thermischen Wirkungsgrades des ORC- und des Gesamtprozesses und der insgesamt erzielbaren Nettoleistung eingehend erläutert. Das Kapitel 4.2.2 zeigt insbesondere mit dem T-H-Diagramm eine geeignete graphische und interpretationsfähige Darstellung des Modellprozesses auf, ehe der Abschnitt 4.2.3 die Ergebnisse hinsichtlich des Exergieverlustes als hilfreiche Größe für die Energieentwertung des Abgasstromes darstellt.

4.2.1 Überblick über die Ergebnisse zum thermischen Wirkungsgrad und der erzielbaren Nettoleistung

Der thermische Wirkungsgrad des (organischen) Rankine-Kreisprozesses $\eta_{th,ORC}$ wird nach Gleichung (9) für das jeweilige Arbeitsmedium in Abhängigkeit vom oberen Druckniveau p = p_{verd} und der maximalen Prozesstemperatur $T_{ORC,3}$ berechnet. Von den vier zu analysierenden Arbeitsmedien weist Wasser den größten thermischen Wirkungsgrad für den betrachteten Modellprozess auf. Dieser nimmt mit steigendem oberen Druckniveau und zunehmender Überhitzung stetig zu (vgl. Tabelle 4).

	Thermischer Wirkungsgrad des Kreisprozesses $\eta_{th,ORC}$			
$T_{ORC,3}$ (in K)	Wasser	Heptan	R245fa	SES36
p = 6 bar				
	(T_{sat} = 432,00 K)	(T_{sat} = 446,10 K)	(T_{sat} = 342,56 K)	(T_{sat} = 370,97 K)
T_{sat}	0,1276	0,1184		0,0184
423,15				0,0154
473,15	0,1291	0,1132		0,0131
523,15	0,1332	0,1043		0,0125*
573,15	0,1392			
673,15	0,1547			
763,15	0,1713			
p = 10 bar				
	(T_{sat} = 453,06 K)	(T_{sat} = 474,25 K)	(T_{sat} = 362,89 K)	(T_{sat} = 393,96 K)
T_{sat}	0,1561	0,1358	0,0065	0,0580
423,15			0,0062	0,0531
473,15	0,1567		0,0059	0,0465
523,15	0,1599	0,1263	0,0056	0,0445*
573,15	0,1651			
673,15	0,1789			
763,15	0,1942			
p = 14 bar				
	(T_{sat} = 468,22 K)	(T_{sat} = 494,75 K)	(T_{sat} = 377,79 K)	(T_{sat} = 410,82 K)
T_{sat}	0,1744	0,1468	0,0356	0,0776
423,15			0,0347	0,0757
473,15	0,1745		0,0321	0,0670
523,15	0,1771	0,1396	0,0306	0,0642*
573,15	0,1818			
673,15	0,1947			
763,15	0,2092			
p = 16 bar				
	(T_{sat} = 474,45 K)	(T_{sat} = 503,34 K)	(T_{sat} = 384,06 K)	(T_{sat} = 471,90 K)
T_{sat}	0,1818	0,1480	0,0460	0,0850
423,15			0,0448	0,0842
473,15			0,0420	0,0746
523,15	0,1839	0,1445	0,0396	0,0715*
573,15	0,1883			
673,15	0,2009			
763,15	0,2151			

* Diese Daten basieren auf einer maximalen Prozesstemperatur von $T_{ORC,3}$ = 493,15 K.

Tabelle 4: Thermischer Wirkungsgrad des Kreisprozesses für das jeweilige Arbeitsmedium

Von den organischen Fluiden besitzt Heptan den größten thermischen Wirkungsgrad des ORC-Prozesses, das Kältemittel R245fa hingegen den kleinsten. Als Grund wird unter anderem der wesentlich niedrigere Dampfdruck im Kondensator von Heptan (wie auch von Wasser) im Vergleich zu den beiden anderen Fluiden vermutet (vgl. Tabelle 2) [18]. Allen drei organischen Fluiden ist gemeinsam, dass der thermische Wirkungsgrad mit steigendem oberem Druckniveau zunimmt, im Gegensatz zu Wasser jedoch für einen Kreisprozess ohne Überhitzung am größten ist und mit zunehmender Überhitzung stetig abnimmt [5].[p] Die Ursache liegt im retrograden Charakter der meisten organischen Fluide. Da die Entspannung in der Turbine im überhitzten Zustand endet, wird die Enthalpiedifferenz zwischen Turbinenein- und –austritt und somit die spezifische Arbeit der Turbine mit zunehmender Überhitzung stetig kleiner [5, 9].

Der thermische Wirkungsgrad des Gesamtprozesses $\eta_{th,ges}$ sowie die insgesamt erzielbare Nettoleistung P_{el} sind nach den Gleichungen (10) und (11) ebenfalls in Abhängigkeit vom oberen Druckniveau p = p_{verd} und der Maximaltemperatur des Prozesses $T_{ORC,3}$ ermittelbar. Wasser weist auch für diese Größen die besten Ergebnisse auf. Beide wachsen mit steigendem, oberem Druckniveau sowie mit zunehmender maximaler Prozesstemperatur ebenfalls stetig an (vgl. Tabelle 5). Von den organischen Arbeitsmedien besitzt Heptan wiederum die größten Werte. Sowohl der thermische Wirkungsgrad des Gesamtprozesses wie auch die Nettoleistung sind bei allen drei organischen Fluiden für einen Kreisprozess ohne Überhitzung am höchsten und nehmen mit zunehmender Überhitzung ab. Sie wachsen dabei mit steigendem, oberem Druckniveau weiter an.

Bei einer Analyse des Gesamtprozesses zeigt sich darüber hinaus, dass die ermittelten Werte aller organischen Fluide in geringerem Abstand zu diesen von Wasser im Vergleich zu einer reinen Betrachtung des Kreisprozesses liegen. Insbesondere die Ergebnisse von Heptan nähern sich den berechneten Daten von Wasser stark an. Für den Fall eines oberen Druckniveaus von p_{verd} = 6 bar und einem Kreisprozess ohne Überhitzung sind sie sogar leicht höher. Diese Verbesserung resultiert aus der Tatsache, dass der Abgasstrom bei der Wahl eines organischen Fluids als Arbeitsmedium den Wärmeübertrager kälter verlassen kann und somit eine geringere Menge an Abgasverlusten an dieser Stelle entsteht. Der Grund ist die einfache Bedingung der Wärmeübertragung, dass die Temperatur des Abgasstromes an keiner Stelle des Wärmeübertragers unter der Temperatur des Arbeitsmediums liegen kann [16]. So liegt der Pinch Point der organischen Fluide im Zustand 0 am Austritt des Wärmeübertragers vor, während er für Wasser im Zustand 1 zu finden ist. Unter Berücksichtigung der Annahme (7) (vgl. Kapitel 3.3) ergeben sich

---

[p] Dieses Ergebnis stimmt mit den Erkenntnissen von HUNG et al. überein. Ihre Arbeit zeigt, dass der Wirkungsgrad für „nasse" Fluide für einen ORC-Prozess zwischen zwei isobaren Kurven mit zunehmender Turbineneintrittstemperatur steigt, während er für „isentrope" Fluide nahezu konstant bleibt und für „trockene" Fluide sogar abnimmt.

somit für Wasser im Vergleich zu den organischen Fluiden höhere Austrittstemperaturen für den Abgasstrom (vgl. Tabelle 6).

Thermischer Wirkungsgrad $\eta_{th,ges}$ und Nettoleistung P_{el} (in kW) des Gesamtprozesses								
$T_{ORC,3}$ (in K)	Wasser		Heptan		R245fa		SES36	
	$\eta_{th,ges}$	P_{el}	$\eta_{th,ges}$	P_{el}	$\eta_{th,ges}$	P_{el}	$\eta_{th,ges}$	P_{el}
p = 6 bar								
	(T_{sat} = 432,00 K)		*(T_{sat} = 446,10 K)*		*(T_{sat} = 342,56 K)*		*(T_{sat} = 370,97 K)*	
T_{sat}	0,0957	95,73	0,0971	97,15			0,0126	12,64
423,15							0,0102	10,16
473,15	0,0969	96,87	0,0928	92,80			0,0081	8,15
523,15	0,1001	100,10	0,0853	85,28			0,0078*	7,76*
573,15	0,1047	104,68						
673,15	0,1166	116,82						
763,15	0,1294	129,43						
p = 10 bar								
	(T_{sat} = 453,06 K)		*(T_{sat} = 474,25 K)*		*(T_{sat} = 362,89 K)*		*(T_{sat} = 393,96 K)*	
T_{sat}	0,1129	112,91	0,1119	111,88	0,0026	2,57	0,0461	46,13
423,15					0,0023	2,33	0,0420	41,95
473,15	0,1133	113,32			0,0021	2,09	0,0364	36,44
523,15	0,1157	115,72	0,1039	103,86	0,0019	1,86	0,0351*	35,12*
573,15	0,1195	119,52						
673,15	0,1298	129,78						
763,15	0,1411	141,08						
p = 14 bar								
	(T_{sat} = 468,22 K)		*(T_{sat} = 494,75 K)*		*(T_{sat} = 377,79 K)*		*(T_{sat} = 410,82 K)*	
T_{sat}	0,1246	124,60	0,1212	121,19	0,0272	27,19	0,0627	62,71
423,15		124,89			0,0264	26,41	0,0757	61,09
473,15	0,1247	126,82			0,0242	24,23	0,0670	53,78
523,15	0,1266	130,00	0,1151	115,09	0,0229	22,94	0,0642*	52,06*
573,15	0,1300	139,44						
673,15	0,1394	145,45						
763,15	0,1500	149,95						
p = 16 bar								
	(T_{sat} = 474,45 K)		*(T_{sat} = 503,34 K)*		*(T_{sat} = 384,06 K)*		*(T_{sat} = 417,90 K)*	
T_{sat}	0,1278	127,78	0,1222	122,19	0,0370	37,03	0,0689	68,90
423,15					0,0350	34,97	0,0682	68,23
473,15					0,0326	32,61	0,0602	60,19
523,15	0,1296	129,62	0,1192	119,22	0,0306	30,62	0,0583*	58,33*
573,15	0,1328	132,81						
673,15	0,1419	141,85						
763,15	0,1520	152,01						

* Diese Daten basieren auf einer maximalen Prozesstemperatur von $T_{ORC,3}$ = 493,15 K.

Tabelle 5: Thermischer Wirkungsgrad des Gesamtprozesses und Nettoleistung für das jeweilige Arbeitsmedium

Austrittstemperatur $T_{L,0}$ des heißen Abgasstromes (in K)				
p (in bar)	Wasser	Heptan	R245fa	SES36
6,00	408,15	373,15	373,15	373,15
10,00	423,15	373,15	373,15	373,15
14,00	428,15	373,15	373,15	373,15
16,00	433,15	373,15	373,15	373,15

Tabelle 6: Austrittstemperatur des Abgasstroms aus dem Wärmeübertrager für das jeweilige Arbeitsmedium

Die Abbildung 5 verdeutlicht exemplarisch die jeweils erhaltenen Ergebnisse für die thermischen Wirkungsgrade des ORC-Prozesses $\eta_{th,ORC}$ sowie des Gesamtprozesses $\eta_{th,ges}$ in graphischer Form und stellt diese für alle vier betrachteten Fluide in Abhängigkeit von der maximalen Prozesstemperatur $T_{ORC,3}$ bei einem oberen Druckniveau von $p_{verd} = 16$ bar vergleichend gegenüber.

Die bessere thermodynamische Eignung von Wasser als Arbeitsmedium für den Modellprozess im Vergleich zu den drei organischen Fluiden ist klar ersichtlich. Bei einer Betrachtung des Gesamtprozesses zeigt sich jedoch auch die deutliche Annäherung von Heptan an Wasser (vgl. das rechte Diagramm der Abbildung 5).

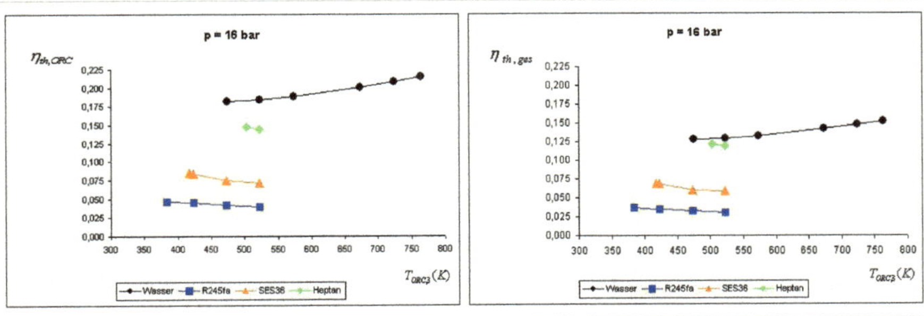

Abb. 5: Vergleich des thermischen Wirkungsgrades des ORC- und des Gesamtprozesses bei $p_{verd} = 16$ bar

Die Abbildung 6 stellt aus einem anderen Blickwinkel den thermischen Wirkungsgrad des Gesamtprozesses $\eta_{th,ges}$ für Wasser und Heptan als Arbeitsmedien in Abhängigkeit von der maximalen Prozesstemperatur $T_{ORC,3}$ und dem oberen Druckniveau $p = p_{verd}$ dar. Für Wasser ist dabei der Vorteil einer möglichst großen Überhitzung zu erkennen, während für Heptan ein Kreisprozess ohne Überhitzung am sinnvollsten ist.

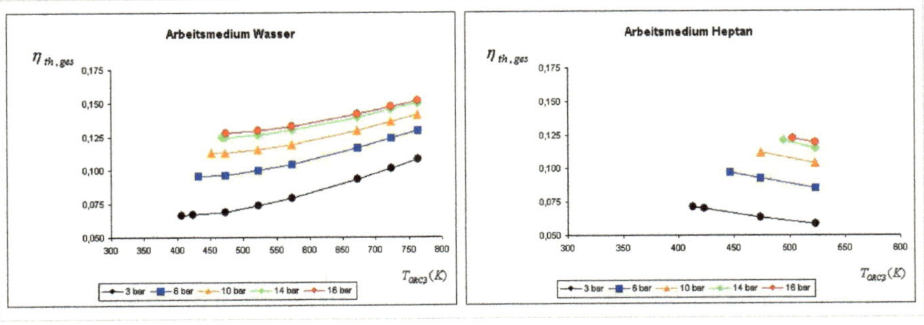

Abb. 6: Vergleich des thermischen Wirkungsgrades des Gesamtprozesses für Wasser und Heptan in Abhängigkeit vom oberen Druckniveau p_{verd}

4.2.2 Das T-H-Diagramm als geeignete Darstellungsform des Modellprozesses

Eine aussagekräftige graphische Darstellung des Gesamtprozesses gelingt insbesondere mit Hilfe eines so genannten T-H-Diagramms, das die Interaktion der Enthalpieströme zwischen der Abwärmequelle, dem Arbeitsmedium des (organischen) Rankine-Kreisprozesses und dem Kühlwasser aufzeigt. Im Vergleich zu einem T-S-Diagramm, das als Abszisse die Entropieströme der beteiligten Medien enthält, besitzt dieses mehrere Vorteile: So entfällt die willkürliche Dehnung der Entropieskala, die sich durch die Forderung, dass der Abgasstrom die Wärmezufuhr zum (organischen) Rankine-Kreisprozess abdecken muss, ergibt [8, 18]. Ebenso können die Turbinenleistung sowie der Pinch-Point korrekt aus dem Diagramm abgelesen werden [18].

Die Abbildungen 7 und 8 vergleichen exemplarisch die T-H-Diagramme von Wasser und den organischen Fluiden für einen Modellprozess mit einer Überhitzung auf eine maximale Prozesstemperatur $T_{ORC,3}$ = 523,15 K, jeweils für ein oberes Druckniveaus p_{verd} von 6, 10 und 16 bar. In diesen ist – umgeben von den Enthalpieströmen des Abgases oberhalb sowie des Kühlwassers unterhalb – der Verlauf des Enthalpiestromes des jeweiligen Arbeitsmediums dargestellt. Die Lage der Ströme zueinander ist dabei ein sichtbares Indiz für die energetische Güte des ORC- sowie des Gesamtprozesses. So zeigt die Abbildung 7, dass sich der Verlauf des Enthalpiestroms des Wassers mit zunehmendem, oberem Druckniveau p_{verd} immer besser an den Verlauf des Enthalpiestroms des heißen Abgases anpasst.

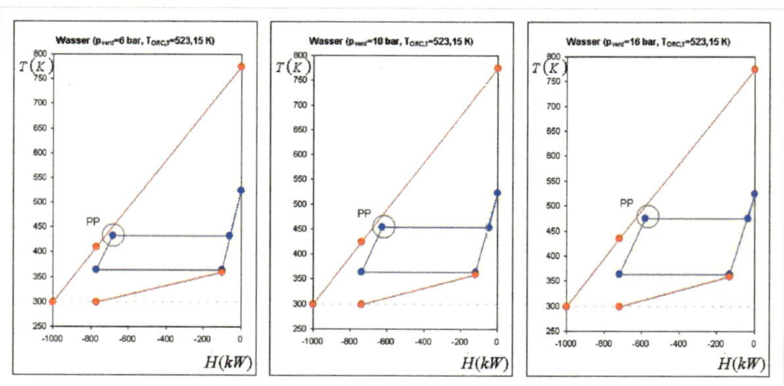

Abb. 7: T-H-Diagramm von Wasser für eine Überhitzung auf 523,15 K in Abhängigkeit vom oberen Druckniveau p_{verd}

Bei einem Vergleich der Diagramme von Wasser mit den Diagrammen der organischen Arbeitsmedien (vgl. Abbildung 8) ist deutlich zu erkennen, dass die Fläche, die von den Enthalpieströmen des jeweiligen organischen Fluids eingeschlossen wird, insbesondere für die beiden

Kältmittel R245fa und SES36 wesentlich kleiner ist. Dies drückt sich in einem besseren thermischen Wirkungsgrad des ORC-Prozesses $\eta_{th,ORC}$ für Wasser aus (vgl. Tabelle 4). Ebenso ersichtlich ist die unterschiedliche Lage des Pinch Points für Wasser (Zustand 1) und die organischen Arbeitsmedien (Zustand 0) sowie die damit verbundene höhere Austrittstemperatur $T_{L,0}$ des Abgasstroms aus dem Wärmeübertrager für das Arbeitsmedium Wasser(vgl. Tabelle 6).

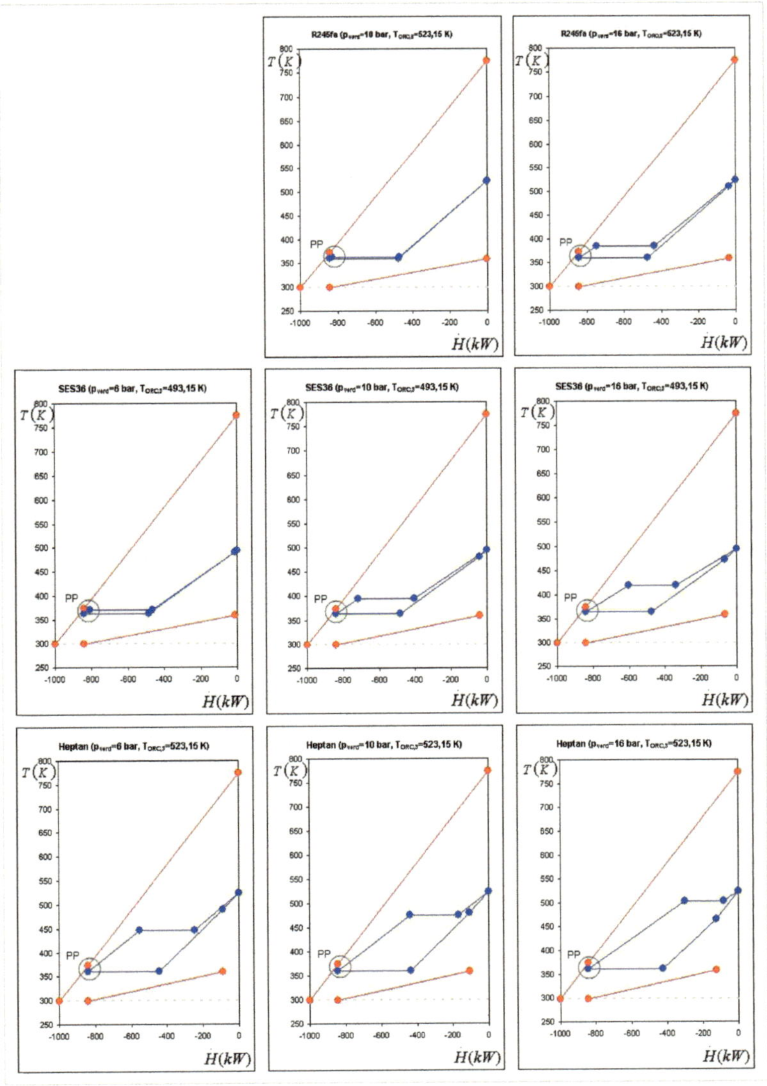

Abb. 8: T-H-Diagramm der organischen Arbeitsmedien für eine Überhitzung auf 523,15 K in Abhängigkeit vom oberen Druckniveau p$_{verd}$

Eine weitere Form der graphischen Darstellung des Modellprozesses ist ein so genanntes H - $\dot{S}$ - Diagramm an. In diesem sind die Enthalpieströme des Abgases und des jeweiligen Arbeitsmediums über den entsprechenden Entropiestrom aufgetragen. Anhand der Kurvenverläufe lässt sich die Höhe des jeweiligen Entropieproduktionsstrom bestimmen: Je weiter sich die Verläufe der Kurven voneinander entfernen, desto größer wird dieser.

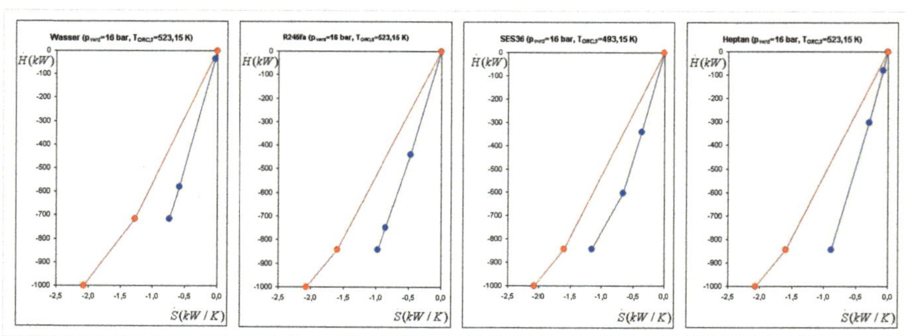

Abb. 9: H - $\dot{S}$ **-Diagramm für eine Überhitzung auf 523,15 K und** p_{verd} = **16 bar**

Die Abbildung 9 stellt die H - $\dot{S}$ -Diagramme der untersuchten Arbeitsmedien exemplarisch für einen Modellprozess mit einer Überhitzung auf $T_{ORC,3}$ = 523,15 K und ein oberen Druckniveau von p_{verd} = 16 bar vergleichend gegenüber. Der im Vergleich zu den organischen Fluiden wesentlich höhere Abgasverlust für das Arbeitsmedium Wasser ist deutlich ersichtlich. Ein direkter Zusammenhang zwischen dem jeweils erzeugten Entropieproduktionsstrom und etwa dem thermischen Wirkungsgrad $\eta_{th,ges}$ ist jedoch nicht leicht erkennbar.

4.2.3 Überblick über die Ergebnisse zum Exergieverlust

Der Exergieverlust eines thermodynamischen Prozesses gibt einen wertvollen Hinweis auf die energetische Entwertung des Abgasstroms (vgl. Kapitel 3.1). Trotz der höheren Austrittstemperatur der Luft $T_{L,0}$ aus dem Wärmeübertrager stellt Wasser im vorliegenden Modellprozess auch hinsichtlich dieses Bewertungsmaßstabes das am besten geeignete Arbeitsmedium der untersuchten Fluide dar. Lediglich für einen Kreisprozess ohne Überhitzung weist Heptan bei einem oberen Druckniveau, das kleiner als p_{verd} = 16 bar ist, eine unwesentlich geringeren Exergieverlust unter Berücksichtigung der ungenutzten Restwärme des Abgasstroms auf (vgl. Tabelle 7).

Die Abhängigkeit des Exergieverlustes von der maximalen Prozesstemperatur $T_{ORC,3}$ und vom oberen Druckniveau p_{verd} entspricht im Wesentlichen dem Muster, das sich etwa hinsichtlich des thermischen Wirkungsgrades des Modellprozesses (vgl. die Tabellen 4 und 5) zeigt. Für Wasser ist der Exergieverlust sowohl ohne als auch mit Berücksichtigung der Restwärme des Abgasstroms am größten und nimmt mit steigendem, oberem Druckniveau p_{verd} sowie mit zunehmender Überhitzung stetig ab. Bei den organischen Fluiden ist er jeweils für einen Kreisprozess ohne Überhitzung am geringsten und nimmt für zunehmende Überhitzung immer weiter zu. Mit steigendem, oberem Druckniveau nimmt der Exergieverlust für organischen Fluide ebenfalls ab.

T_ORC,3 (in K)	Exergieverlust (in kW) ohne und mit Berücksichtigung der Restwärme des Abgasstromes							
	Wasser		Heptan		R245fa		SES36	
	$E_{v,ohne}$	$E_{v,mit}$	$E_{v,ohne}$	$E_{v,mit}$	$E_{v,ohne}$	$E_{v,mit}$	$E_{v,ohne}$	$E_{v,mit}$
p = 6 bar								
	(T_{sat} = 432,00 K)		*(T_{sat} = 446,10 K)*		*(T_{sat} = 342,56 K)*		*(T_{sat} = 370,97 K)*	
T_{sat}	269,19	303,66	283,43	300,48			368,63	385,69
423,15			287,97	305,03			371,35	388,41
473,15	268,07	302,53	295,75	312,81			373,48	390,54
523,15	264,85	299,32					374,02*	391,07*
573,15	260,30	294,76						
673,15	248,42	282,88						
763,15	235,66	270,13						
p = 10 bar								
	(T_{sat} = 453,06 K)		*(T_{sat} = 474,25 K)*		*(T_{sat} = 362,89 K)*		*(T_{sat} = 393,96)*	
T_{sat}	243,12	286,51	267,73	284,78	379,02	396,07	332,90	349,95
423,15					379,38	396,43	337,72	354,77
473,15	242,72	286,10			379,68	396,73	343,87	360,92
523,15	240,35	283,73	276,27	293,32	379,94	397,00	345,79*	362,84*
573,15	236,57	279,95						
673,15	226,37	269,75						
763,15	215,12	258,51						
p = 14 bar								
	(T_{sat} = 468,22 K)		*(T_{sat} = 494,75 K)*		*(T_{sat} = 377,79 K)*		*(T_{sat} = 410,82 K)*	
T_{sat}	228,21	274,75	257,56	274,62	352,30	369,35	314,36	331,41
423,15					353,76	370,82	316,51	333,57
473,15	228,13	274,67			356,35	373,40	325,11	342,17
523,15	226,23	272,77	264,07	281,12	357,91	374,96	327,86*	344,91*
573,15	222,87	269,41						
673,15	213,51	260,05						
763,15	203,05	249,59						
p = 16 bar								
	(T_{sat} = 474,45 K)		*(T_{sat} = 503,34 K)*		*(T_{sat} = 384,06 K)*		*(T_{sat} = 417,90 K)*	
T_{sat}	221,78	271,56	256,06	273,11	342,54	359,59	307,25	324,30
423,15					344,39	361,44	308,22	325,27
473,15					347,35	364,41	317,97	335,02
523,15	219,97	269,75			349,74	366,79	321,06*	338,11*
573,15	216,81	266,59	259,41	276,47				
673,15	207,84	257,62						
763,15	197,74	247,52						

* Diese Daten basieren auf einer maximalen Prozesstemperatur von $T_{ORC,3}$ = 493,15 K.

Tabelle 7: Exergieverlust ohne und mit Berücksichtung der Restwärme des Abgasstroms

4.3   Einfluss des Arbeitsmediums auf die Größe der Wärmeübertragerflächen

Die Entscheidung für oder gegen den Bau und die Inbetriebnahme einer klassischen Dampfkraftanlage bzw. einer ORC-Anlage ist unabdingbar mit deren Wirtschaftlichkeit verbunden. Die Laufzeit der Anlage, ein durchgehender Betrieb, eine zuverlässige Technik oder die Investitionskosten, aber auch das Temperaturniveau der Abwärmequelle, deren verfügbarer Volumenstrom oder deren Verschmutzungsgrad sind beispielsweise als bedeutsame Einflussfaktoren auf diese zu nennen [4, 7]. Hinsichtlich der Höhe der Investitionskosten spielt unter anderem die erforderliche Fläche des Wärmeübertragers eine maßgebliche Rolle. Zu deren Berechnung wird im Rahmen dieser Arbeit auf das Konzept der logarithmischen mittleren Temperaturdifferenz zurückgegriffen (vgl. Kapitel 3.1).

$T_{ORC,3}$ (in K)	Erforderliche Wärmeübertragerfläche (in m²)			
	Wasser	Heptan	R245fa	SES36
p = 6 bar				
	$(T_{sat} = 432,00\ K)$	$(T_{sat} = 446,10\ K)$	$(T_{sat} = 342,56\ K)$	$(T_{sat} = 370,97\ K)$
T_{sat}	221,45	264,25		215,17
423,15				245,28
473,15	228,16	288,49		274,09
523,15	236,83	342,30		286,51*
573,15	246,73			
673,15	274,94			
763,15	358,08			
p = 10 bar				
	$(T_{sat} = 453,06\ K)$	$(T_{sat} = 474,25\ K)$	$(T_{sat} = 362,89\ K)$	$(T_{sat} = 393,96\ K)$
T_{sat}	204,12	279,65	190,60	234,42
423,15			214,98	258,46
473,15	207,63		235,70	299,76
523,15	216,48	337,14	260,29	317,59*
573,15	226,33			
673,15	253,95			
763,15	335,29			
p = 14 bar				
	$(T_{sat} = 468,22\ K)$	$(T_{sat} = 494,75\ K)$	$(T_{sat} = 377,79\ K)$	$(T_{sat} = 410,82\ K)$
T_{sat}	214,44	285,28	208,83	242,01
423,15			234,36	254,30
473,15	215,59		261,47	302,10
523,15	227,12	317,77	292,21	322,53*
573,15	239,51			
673,15	272,96			
763,15	362,13			
p = 16 bar				
	$(T_{sat} = 474,45\ K)$	$(T_{sat} = 503,34\ K)$	$(T_{sat} = 384,06\ K)$	$(T_{sat} = 417,90\ K)$
T_{sat}	207,76	292,61	212,72	244,29
423,15			237,21	250,10
473,15			266,89	300,85
523,15	218,97	320,31	300,29	322,12*
573,15	231,11			
673,15	263,66			
763,15	351,33			

* Diese Daten basieren auf einer maximalen Prozesstemperatur von $T_{ORC,3} = 493{,}15$ K.

Tabelle 8: Erforderliche Wärmeübertragerfläche für das jeweilige Arbeitsmedium

Die Tabelle 8 zeigt für jedes Arbeitsmedium die jeweils benötigte Wärmeübertragerfläche in Abhängigkeit vom oberen Druckniveau p = p_{verd} und der maximalen Prozesstemperatur $T_{ORC,3}$.

Es ist ersichtlich, dass die benötigte Wärmeübertragerfläche sowohl für Wasser als auch für die drei organischen Fluide für einen Kreisprozess ohne Überhitzung am kleinsten ist und mit steigender, maximaler Prozesstemperatur $T_{ORC,3}$ stetig zunimmt. Die Ursache liegt in der größer werdenden Wärmeübertragung im überhitzten Gebiet des Arbeitsmediums, die aufgrund eines kleineren spezifischen Wärmeübertragungskoeffizienten (vgl. Annahme (4), Kapitel 3.3) eine umfangreichere Fläche erfordert. Eine entsprechende Abhängigkeit vom oberen Druckniveau p = p_{verd} kann hingegen nicht festgestellt werden.

Insgesamt ist zu konstatieren, dass auch für diesen Parameter das Arbeitsmedium Wasser die besten Ergebnisse bei vergleichbarem oberen Druckniveau p = p_{verd} und gleicher maximaler Prozesstemperatur $T_{ORC,3}$ aufweist. Lediglich für einen Kreisprozess ohne Überhitzung bei einem oberen Druckniveau von p_{verd} = 10 bzw. 14 bar benötigt das im Rahmen des betrachteten Modellprozesses nicht konkurrenzfähige Kältemittel R245fa eine unwesentlich kleinere Fläche zur Wärmeübertragung. Von den organischen Fluiden erfordert Heptan, das hinsichtlich der energetischen Güte am besten geeignete organische Arbeitsmedium, die größte Wärmeübertragerfläche.

4.4 Ansätze zu einer weiteren Verbesserung des Gesamtprozesses

Im Rahmen dieses Kapitels werden ausgehend von den Ergebnissen zum betrachteten Modellprozess (vgl. die Kapitel 4.1 bis 4.3) unterschiedliche Ansätze im Hinblick auf eine weitere Verbesserung von diesem diskutiert. Diese beschränken sich dabei auf die nach thermodynamischen Gesichtspunkten erfolgreichsten Fälle: So werden lediglich die Modellberechnungen für Wasser und Heptan als Arbeitsmedien bei einem oberen Druckniveau von p_{verd} = 16 bar weiterverfolgt.

Für den Fall von Heptan als Arbeitsmedium des organischen Rankine-Kreisprozesses stellt der Einbau eines internen Wärmeübertragers einen ersten Ansatzpunkt dar. Da dieses Fluid die Turbine im überhitzten Zustand oberhalb des Temperaturniveaus des Kondensators verlässt, kann ein Teil des Wärmestroms, der bisher im Kondensator auf das Kühlwasser übertragen wird, zur Vorwärmung des Arbeitsmediums vor dem Eintritt in den Wärmeübertrager genutzt werden [18]. Unter Berücksichtigung der Regeln zum Pinch Point (vgl. Annahme (7), Kapitel 3.3) sowie den Bedingungen der Wärmeübertragung (vgl. Kapitel 4.2) kann ein spezifischer Wärmestrom von

$$q_{\text{int}WÜ} = h_{ORC,4} - h(370{,}00K) \tag{16}$$

zur Vorwärmung genutzt werden. In der Folge verändert sich der Zustand 0 im ursprünglichen Kreisprozess. Dessen spezifische Enthalpie $h_{ORC,0}$ berechnet sich nun nach folgender Gleichung:

$$h_{ORC,0} = h_{ORC,5} + w_{50} + q_{intWÜ} \tag{17}$$

Des Weiteren verändert sich die benötigte Wärmeübertragerfläche sowohl hinsichtlich der Teilfläche des bereits vorhandenen Wärmeübertragers als auch der zusätzlich erforderlichen Fläche des internen Wärmeübertragers $A_{\text{int}\,WÜ}$, die sich analog der Gleichung (4) ermitteln lässt (vgl. Kapitel 3.1). In Abhängigkeit von der maximalen Prozesstemperatur $T_{ORC,3}$ ergeben sich für die betrachteten Parameter folgende Ergebnisse (vgl. Tabelle 9):

Ergebnisse für die Parameter des Kreisprozesses von Heptan bei Einsatz eines internen Wärmeübertragers								
$T_{ORC,3}$ (in K)	Heptan							
	$q_{\text{int}WÜ}$ (in kJ/kg)	$\dot{m}_{ORC}$ (in kg/s)	$\eta_{th,ORC}$	$\eta_{th,ges}$	P_{el} (in kW)	$\dot{E}_{v,ohne}$ (in kW)	$\dot{E}_{v,mit}$ (in kW)	A (in m²)
p = 16 bar								
(T_{sat} = 503,34 K)								
T_{sat}	154,45	1,6728	0,201	0,143	143,15	204,13	251,95	360,75
523,15	209,76	1,5456	0,214	0,143	142,99	190,52	252,64	349,55
573,15	344,99	1,3009	0,239	0,139	139,25	162,70	257,36	358,93

Tabelle 9: Ergebnisse für Heptan bei Einsatz eines internen Wärmeübertragers bei p_{verd} = 16 bar

Es ist ersichtlich, dass mit zunehmender, maximaler Prozesstemperatur $T_{ORC,3}$ der spezifische Wärmestrom, der intern übertragen werden kann, zunimmt.[q] Bedingt durch eine geringere externe Wärmezufuhr steigt der Wirkungsgrad des organischen Rankine-Kreisprozesses $\eta_{th,ORC}$ im Vergleich zum einfachen ORC-Prozess deutlich an (vgl. Tabelle 4). Aufgrund der höheren Eintrittstemperatur von Heptan in den Wärmeübertrager (Zustand 0) verlässt der Abgasstrom diesen sowohl für den Fall ohne ($T_{L,0}$ = 430,15 K) als auch mit Überhitzung des Arbeitsmediums ($T_{L,0}$ = 451,15 K bzw. 493,15 K) nun jedoch erheblich wärmer. Hinsichtlich des thermischen Wirkungsgrades des Gesamtprozesses $\eta_{th,ges}$ lässt sich daher eine Verbesserung um etwa zwei Prozentpunkte erzielen (vgl. Tabelle 5). Im Rahmen einer Betrachtung des Gesamtprozesses ist auch bei Verwendung eines internen Wärmeübertragers zu empfehlen, auf eine Überhitzung des organischen Arbeitsmediums zu verzichten [18]. Der Exergieverlust des Gesamtprozesses sinkt für diesen Fall ebenfalls von 273,11 kW (vgl. Tabelle 9) auf 251,95 kW. Allerdings steigt die erforderliche Wärmeübertragerfläche deutlich von 292,61 m² (vgl. Tabelle 8) auf 360,75 m² an, so dass ein erheblicher Einfluss auf die Wirtschaftlichkeit der Anlage vermutet wird.

Trotz der Verbesserung der energetischen Güte des ORC-Prozesses durch den Einsatz eines internen Wärmeübertragers ist nach wie vor Wasser als Arbeitsmedium vorzuziehen, da dieses bis auf eine maximale Prozesstemperatur von $T_{ORC,3}$ = 763,15 K überhitzt werden kann und daher hinsichtlich des Gesamtprozesses bessere Ergebnisse realisiert. So ist beispielsweise der thermi-

---

[q] Die maximale Prozesstemperatur ist im Hinblick auf die thermische und chemische Stabilität der organischen Fluide auf etwa 600 K beschränkt (vgl. Kapitel 3.2).

sche Wirkungsgrad des Gesamtprozesses $\eta_{th,ges}$ im jeweils besten Fall mit 0,152 (vgl. Tabelle 5) um 6,3% höher als dieser von Heptan mit einem Wert von 0,143.

Der zweite Ansatzpunkt befasst sich ebenso mit Heptan als Arbeitsmedium. Da dieses im überhitzten Zustand in den Kondensator eintritt, lässt sich im Rahmen der Wärmeabgabe an das Kühlwasser genau im Übergang von Heptan in das Zweiphasengebiet ein Pinch Point ermitteln (für den Berechnungsweg vgl. Kapitel 3.1). Die Temperatur des Kühlwassers beträgt dabei $T_{KW,PP}$ = 319,12 K für einen Kreisprozess ohne Überhitzung sowie $T_{KW,PP}$ = 323,02 K für einen Kreisprozess mit Überhitzung auf eine maximale Prozesstemperatur von $T_{ORC,3}$ = 523,15 K. Unter Berücksichtigung der Regeln zum Pinch Point (vgl. Annahme (7), Kapitel 3.3) kann die Temperatur des Arbeitsmediums im Kondensator auf 335,00 K und der Kondensatorgegendruck entsprechend auf p_{kond} = 0,30074 bar abgesenkt werden.

Ergebnisse für die Parameter des Kreisprozesses von Heptan bei Absenkung des Kondensatorgegendruckes auf p_{kond} = 0,30074 bar								
$T_{ORC,3}$ (in K)	Heptan							
	$T_{KW,PP}$ (in K)	$\dot{m}_{ORC}$ (in kg/s)	$\eta_{th,ORC}$	$\eta_{th,ges}$	P_{el} (in kW)	$\dot{E}_{v,ohne}$ (in kW)	$\dot{E}_{v,mit}$ (in kW)	A (in m²)
p = 16 bar								
(T_{sat} = 503,34 K)								
T_{sat}	319,12	1,3822	0,174	0,153	152,94	234,53	242,48	312,76
523,15	323,02	1,2609	0,170	0,150	149,83	237,98	245,93	342,62

Tabelle 10: Ergebnisse für Heptan bei Absenkung des Kondensatorgegendrucks auf p_{kond} = 0,030074 bar bei p_{verd} = 16 bar

Nach wie vor erzielt Heptan für einen einfachen Kreisprozess ohne Überhitzung die besten Ergebnisse (vgl. Tabelle 10). Für diesen besten Fall übertrifft das Fluid bei einer Betrachtung des gesamten Modellprozesses nun jedoch das Arbeitsmedium Wasser in dessen bestem Fall für eine Überhitzung auf eine maximale Prozesstemperatur von $T_{ORC,3}$ = 763,15 K (vgl. Tabelle 5). Der Wert für den thermischen Wirkungsgrad des Gesamtprozesses ist mit einer Differenz von 0,1 zwar nur unwesentlich klein, allerdings ist im Hinblick auf die wirtschaftliche Güte des Gesamtprozesses die erforderliche Wärmeübertragerfläche für Heptan (A = 312,76 m²) im Vergleich zu Wasser (A = 351,33 m², vgl. Tabelle 8) im jeweils günstigsten Fall erheblich geringer.

Die Abbildung 10 stellt exemplarisch die T-H-Diagramme von Heptan jeweils für ein oberes Druckniveau von p_{verd} = 16 bar und eine maximale Prozesstemperatur von $T_{ORC,3}$ = 523,15 K vergleichend gegenüber. Aufgrund des Verlaufes der Enthalpieströme des Fluids ist die positive Veränderung der energetischen Güte des Gesamtprozesses für einen niedrigeren Kondensatorgegendruck von p_{kond} = 0,30074 bar (vgl. das rechte Diagramm der Abbildung) deutlich erkennbar.

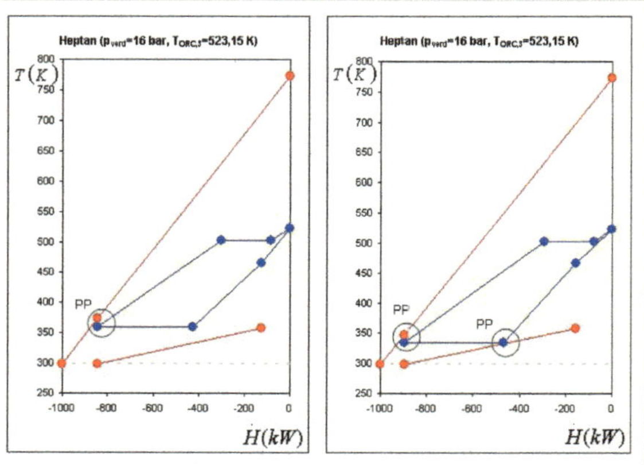

Abbildung 10: Vergleich der T-H-Diagramme von Heptan für p_{kond} = 0,71275 bar (links) und p_{kond} = 0,30074 bar (rechts) bei p_{verd} = 16 bar

Ein dritter und nach thermodynamischen Gesichtspunkten viel versprechender Ansatzpunkt besteht schließlich darin, auf den nutzbaren Wärmestrom, der auf das Kühlwasser im Kondensator übertragen wird, zu verzichten und die Eintrittstemperatur des Arbeitsmediums in den (organischen) Rankine-Kreisprozess (Zustand 5) und damit den Kondensatorgegendruck entsprechend zu senken. Dieser soll nun aus der Restwärme des Abgasstromes gewonnen werden. Unterstellt man eine Austrittstemperatur des Abgasstroms aus dem Wärmeübertrager von $T_{L,0}$ = 448,15 K, so ergibt sich nach dem 1. Hauptsatz ein nutzbarer Restwärmestrom von 315,79 kW:

$$\dot{Q}_{rest} = \dot{m}_L * c_{P,L} * (T_{L,0} - T_{umg}) = 2,0969\frac{kg}{s} * 1,004\frac{kJ}{(kgK)} * (448,15K - 298,15K) = 315,79kW \quad (18)$$

$T_{ORC,3}$ (in K)	Wasser					Heptan				
	$\dot{m}_{ORC}$ (in kg/s)	$\eta_{th,ORC}$	$\eta_{th,ges}$	P_{el} (in kW)	A (in m²)	$\dot{m}_{ORC}$ (in kg/s)	$\eta_{th,ORC}$	$\eta_{th,ges}$	P_{el} (in kW)	A (in m²)
p = 16 bar										
(T_{sat} = 474,45 K)						(T_{sat} = 503,34 K)				
T_{sat}	(0,2649)*	(0,242)*	(0,165)*	(165,28)*	(139,14)*	1,0021	0,190	0,130	130,14	101,20
523,15	0,2527	0,244	0,167	167,18	145,24	0,9184	0,187	0,128	127,83	110,89
573,15	0,2423	0,249	0,170	170,08	152,03					
673,15	0,2248	0,260	0,178	177,95	171,84					
763,15	0,2112	0,273	0,187	186,62	238,92					

Die Überschrift der Tabelle lautet: **Ergebnisse für die Parameter des Kreisprozesses bei einer Absenkung des Kondesatorgegendruckes auf p_{kond} = 0,12349 bar (Wasser) bzw. p_{kond} = 0,16564 bar (Heptan)**

(* Für einen Kreisprozess ohne Überhitzung fällt der Dampfgehalt in der Turbine für das Arbeitsmedium Wasser unter einen Wert von 0,85)

Tabelle 11: Ergebnisse für die wesentlichen Parameter bei einer Absenkung des Kondensatorgegendruckes auf p_{kond} = 0,12349 bar (Wasser) bzw. p_{kond} = 0,16564 bar (Heptan)

Wählt man vergleichbare, realistische Eintrittstemperaturen für Wasser ($T_{ORC,5}$ = 323,15 K) und Heptan ($T_{ORC,5}$ = 320,00 K), lassen sich insbesondere die Ergebnisse für das Arbeitsmedium

Wasser hinsichtlich der untersuchten Parameter teilweise erheblich verbessern (vgl. Tabelle 11). So steigt der thermische Wirkungsgrad des Gesamtprozesses $\eta_{th,ges}$ für den jeweils besten Fall um 23,0% auf 0,187. Für Heptan wächst dieser ebenfalls an, aufgrund der höheren Austrittstemperatur $T_{L,0}$ des Abgasstromes um 75 K aus dem Wärmeübertrager allerdings nicht so deutlich wie bei der zuvor besprochenen Ausnutzung der Pinch Point-Regelung.

4.5 Ableitung von abstrahierten Parametern bezüglich der Wahl des Arbeitsmediums

Dieser Abschnitt verfolgt die Zielstellung, Ansatzpunkte für eine Ableitung von abstrahierten Parametern bezüglich der Wahl des Arbeitsmediums zu finden.

Die Überlegungen orientieren sich dabei vor allem an den T-H-Diagrammen der jeweiligen Arbeitsmedien (vgl. Kapitel 4.2, Abbildungen 7 und 8), aus denen auf eine sehr einsichtige Art und Weise die energetische Güte des jeweiligen Kreisprozesses abgelesen werden kann. Wie gelingt es, innerhalb des gedanklichen „Dreiecks", das der Enthalpiestrom des Abgases mit diesem des Kühlwassers bildet, die von den Enthalpieströmen des jeweiligen Arbeitsmediums eingeschlossene Fläche möglichst groß zu gestalten respektive möglichst viel Energie reversibel in Arbeit umzuwandeln?

Im „unteren Bereich des Dreiecks" ist eine möglichst hohe Verdampfungsenthalpie und -entropie des zu wählenden Arbeitsmediums im Kondensator als vorteilhaft einzuschätzen. Bei einem Vergleich der betrachteten Fluide weist Wasser als das thermodynamisch am besten geeignete Arbeitsmedium in der Tat die höchsten Werte für beide Größen auf (vgl. Tabelle 12).

Parameter	Wasser	Heptan	R245fa	SES36
$T_{ORC,S}$ (in K)	363,15	360,00	360,00	363,15
h_{verd} (in kJ/kg)	2283,18	325,06	146,71	111,70
s_{verd} (in kJ/(kg K))	6,2866	0,9029	0,4076	0,3076

Tabelle 12: Verdampfungsenthalpie und –entropie des jeweiligen Arbeitsmediums im Kondensator

Eine Verbesserung der Abdeckung des „oberen Bereich des Dreiecks" erscheint insbesondere durch zwei thermodynamische Parameter zu gelingen: Besitzt das Arbeitsmedium im flüssigen Zustand eine ähnliche Wärmekapazität wie der Abgasstrom (bzw. Luft), so verlaufen die beiden Enthalpieströme in diesem Bereich nahezu parallel. Des Weiteren verbessert sich die Fläche des ORC-Prozesses im Diagramm für alle vier betrachteten Arbeitsmedien zunehmend mit einem steigenden, oberen Druckniveau p = p_{verd}. Für eine weitere Erhöhung von diesem wird daher eine Verbesserung der energetischen Güte des ORC- und des Gesamtprozesses des Modells vermutet.

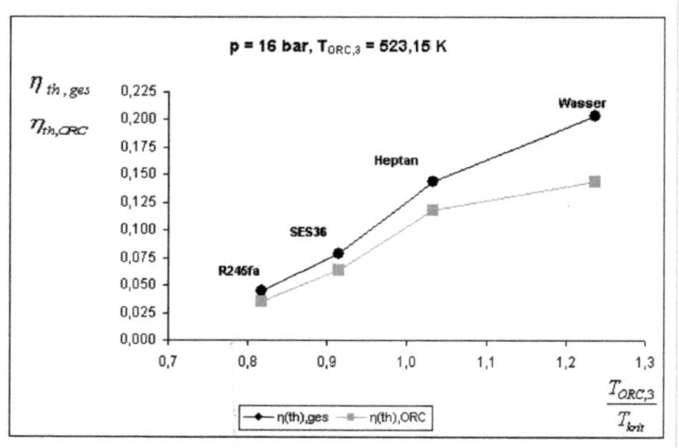

Abb. 11: Bedeutung des kritischen Punktes für den thermischen Wirkungsgrades des ORC- und des Gesamtprozesses bei p_{verd} = 16 bar

In diesem Zusammenhang scheint auch die Lage des kritischen Punktes des zu wählenden Fluids (vgl. Tabelle 3) eine gewisse Bedeutung für die energetische Güte des ORC- und des Gesamtprozesses zu haben. Trägt man für die betrachteten Arbeitsmedien den Wirkungsgrad des (organischen) Rankine-Kreisprozesses $\eta_{th,ORC}$ sowie des Gesamtprozesses $\eta_{th,ges}$ über dem Quotienten aus der maximalen Prozesstemperatur $T_{ORC,3}$ und der kritischen Temperatur T_{krit} auf, so kann ein direkter Zusammenhang festgestellt werden (vgl. Abbildung 11). Inwiefern sich dieser auf andere Fluide übertragen lässt, bleibt jedoch zu überprüfen.

5   Schlussbetrachtung und Ausblick

Der Niedertemperatur-Abwärmenutzung wird im Hinblick auf eine möglichst Ressourcenschonende und umweltfreundliche Erzeugung von elektrischem Strom eine immer größere Bedeutung zugemessen [2]. Oftmals ist die Wahl eines Organic Rankine Cylce (ORC) als Technologie die grundlegende Basis für eine erfolgreiche Verstromung der Niedertemperatur-Abwärme, wie eine Vielzahl an wissenschaftlichen Arbeiten und Studien zu diesem Thema zeigen [1]. Die richtige Auswahl des Arbeitsmediums spielt eine entscheidende Rolle. So werden die energetische Güte und die Wirtschaftlichkeit des Klein-Kraftwerks maßgeblich durch die thermodynamischen Eigenschaften des gewählten Arbeitsmediums und die gegebenen Arbeitsbedingungen beeinflusst [9]. In Abhängigkeit von der zur Verfügung stehenden Wärmequelle und ihres Temperaturniveaus ist dabei im Einzelfall zu überprüfen, ob nicht ein klassischer Rankine-Cycle mit dem Arbeitsmedium Wasser die bessere Alternative darstellt [14].

Wie die Berechnungen im Rahmen dieser Arbeit für einen einfachen (organischen) Rankine-Kreisprozess zeigen, ist Wasser im Vergleich mit den drei gewählten, organischen Fluiden unter thermodynamischen Gesichtspunkten tatsächlich am besten als Arbeitsmedium für den vorliegenden Modellprozess geeignet. Lediglich Heptan aus der Stoffgruppe der Alkane kann ähnliche Ergebnisse hinsichtlich des thermischen Wirkungsgrades oder des Exergieverlustes aufweisen (vgl. Kapitel 4.2). Aufgrund der relativ geringen Zahl von vier untersuchten Arbeitsmedien kann im Hinblick auf das thermodynamisch am besten geeignete Fluid für den gegebenen Modellprozess jedoch keine abschließende Aussage getroffen werden. Da Heptan im Vergleich mit den beiden analysierten Kältemitteln 1,1,1,3,3-Pentafluorpropan (R245fa) und Solkatherm ® SES 36 deutlich bessere Ergebnisse erzielt, ist die Überprüfung von höherwertigen Alkanen wie etwa Oktan oder Dekan hinsichtlich ihrer Eignung für den vorliegenden Fall zu empfehlen.

Darüber hinaus werden auf Basis der Modellberechnungen verschiedene thermodynamische Parameter als hilfreiche Ansatzpunkte für die erfolgreiche Auswahl des Arbeitsmediums vermutet (vgl. Kapitel 4.5). So scheint sich eine hohe Verdampfungsenthalpie und -entropie des Fluids im Kondensator positiv auf die energetische Güte des (organischen) Rankine-Kreisprozesses. Ebenso werden umso positivere Auswirkungen auf diese vermutet, je ähnlicher sich die Wärmekapazität des Mediums im flüssigen Zustand und des Abwärmestroms sind. Des Weiteren könnte die Lage des kritischen Punktes eine gewisse Rolle im Hinblick auf die thermodynamische Eignung des Fluids spielen. Eine kritische Temperatur, die im Bereich von dieser des Wassers liegt, scheint vorteilhaft zu sein.

Das T-H-Diagramm als geeignete graphische Darstellungsform für einen (organischen) Rankine-Kreisprozess liefert insbesondere in diesem Zusammenhang wertvolle Erkenntnisse über dessen energetische Güte. Die Lage der Enthalpieströme der beteiligten Medien zueinander gibt darüber hinaus Aufschluss über mögliche, unterschiedliche Ansatzmöglichkeiten, die zu einer weiteren Verbesserung des ORC-Prozesses führen können. So stellen für ein organisches Fluid als Arbeitsmedium unter anderem der Einsatz eines internen Wärmeübertragers und die mögliche Absenkung des Kondensatorgegendruckes durch die Ausnutzung der Pinch Point-Regeln (vgl. Kapitel 4.4) sinnvolle Alternativen dar. Insbesondere bei der Nutzung eines internen Wärmeübertragers sind jedoch wirtschaftliche Aspekte in Bezug auf eine größere, benötigte Wärmeübertragerfläche zu berücksichtigen.

Im Hinblick auf eine umfassende Einschätzung und Beurteilung der ermittelten Ergebnisse in dieser Arbeit erscheinen ebenso analoge Modellberechnungen auf Basis unterschiedlicher Temperaturniveaus $T_{L,3}$ des zur Verfügung stehenden Abwärmestroms sinnvoll.

LITERATURVERZEICHNIS

[1] Frey, T., Organic Rankine Cycles (ORC), Verstromung von Niedertemperatur-Abwärme, in: VDI Wissensforum GmbH, Blockheizkraftwerke 2008, Im Focus biogener Brennstoffe, VDI-Berichte 2046, Düsseldorf 2008, S. 73-82

[2] Mago, P. J. und Chamra, L. M., Exergy analysis of a combined engine-organic Rankine cycle configuration, in: Proceedings of the Institution of Mechanical Engineers, Part A: Journal of Power and Energy, 222, 2008, 8, S. 761-770

[3] Yamamoto, T., Furuhata, T., Arai, N. und Mori, K., Design and testing of the Organic Rankine Cycle, in: Energy, 26, 2001, 3, S. 239-251

[4] Rauth, N., Die Nutzung von Abwärme in industriellen Prozessen, Wie Industriebetriebe die Energieeffizienz steigern und Brennstoff sparen, in: Energy 2.0, 2008, 4, S. 22-25

[5] Hung, T. C. (2001), Waste heat recovery of organic Rankine cycle using dry fluids, in: Energy Conversion and Management, 42, 2001, 5, S. 539-553

[6] Dai, Y. P., Wang, J. F. und Gao, L., Parametric optimization and comparative study of organic Rankine cycle (ORC) for low grade waste heat recovery, in: Energy Conversion and Management, 50, 2009, 3, S. 576-582

[7] Stahl, K. (2007), Abwärmenutzung industrieller Prozesse durch Organic Rankine Cycle, in: Gaswärme International, 56, 2007, 1, S. 43-45

[8] Lucas, K., Thermodynamik, Die Grundgesetze der Energie- und Stoffumwandlungen, 7. Auflage, Heidelberg 2008

[9] Gu, W., Weng, Y. und Cao, G., Testing and Thermodynamic Analysis of Low-Grade Heat Power Generation System Using Organic Rankine Cycle, in: Cen, K., Chi, Y. und Wang, F. (2007), Challenges of Power Engineering and Environment, Vol. 1, Proceedings of the International Conference on Power Engineering 2007, Heidelberg 2007, S. 93-98

[10] Conpower Energieanlagen, Der ORC-Prozess, URL: http://www.conpower-energieanlagen.de/website/ORC_Prozess.php, Abrufdatum: 28.04.2009

[11] Brüggemann, D., Multitalent Organic Rankine Cycle, Stromerzeugung aus Abwärme und regenerativen Energien, URL: http://www.lttt.uni-bayreuth.de/home/files/Infoblaetter/ORCA-1.pdf, Abrufdatum: 28.04.2009

[12] Drescher, U., Optimierungspotenzial des Organic Rankine Cylce für biomassebefeuerte und geothermische Wärmequellen, Band 14 der Reihe: Brüggemann, D. (Hrsg.), Thermodynamik: Energie, Umwelt, Technik, Berlin 2007

[13]   Hung, T. C., Shai, T. Y. und Wang, S. K., A Review of Organic Rankine Cycles (ORCs) for the recovery of low-grade waste heat, in: Energy, 22, 1997, 7, S. 661-667

[14]   Saleh, B., Koglbauer, G., Wendland, M. und Fischer, J., Working fluids for low-temperature organic Rankine cycles, in: Energy, 32, 2007, 7; S. 1210-1221

[15]   Liu, B. T., Chien, K. und Wang, C., Effect of working fluids on organic Rankine cycle for waste heat recovery, in: Energy, 29, 2004, 8, S. 1207-1217

[16]   Polifke, W. und Kopitz, J., Wärmeübertragung, Grundlagen, analytische und numerische Methoden, 2. Auflage, München 2009

[17]   Verein Deutscher Ingenieure VDI-Gesellschaft Verfahrenstechnik und Chemieingenieurwesen (GVC), VDI-Wärmeatlas, 10. Auflage, Heidelberg 2006

[18]   Drescher, U. und Brüggemann, D., Fluid selection fort he Organic Rankine Cycle (ORC) in biomass power and heat plants, in: Applied Thermal Engineering, 27, 2007, 1, S. 223-228

[19]   Borgnakke, C. und Sonntag, R. E., Fundamentals of Thermodynamics, 7. Auflage, Michigan 2009

[20]   NIST Reference Fluid Thermodynamic and Transport Properties Database (REFPROP): Version 8.0, URL: http://www.nist.gov/data/nist23.htm, Abrufdatum: 11.05.2009

[21]   Solvay GmbH, Solkane ® Software Support, URL: http://www.solvay-fluor.com/docroot/fluor/static_files/attachments/download.htm, Abrufdatum: 11.05.2009